KB216429

아프지 않고 ——— 크는 아이는 없다

소아과 진료실에서
차곡차곡 쌓아가는
아이와 나를 위한
씩씩한 다짐들

아프지 않고 큰 아이는 없다

김지현 지음

수오서재

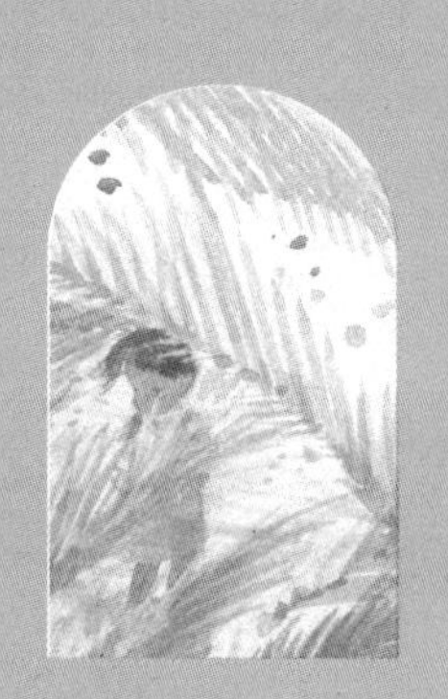

아이들이 아프지 않기를 기도하며

두 아이를 키우면서, 그리고 진료실에서 더 많은 아이들이 자라는 걸 보며 언젠가 내 이야기를 쓰는 날이 오면 좋겠다는 생각을 막연히 했다. 엄마로서, 그리고 의사로서 힘겨웠던 30대를 보내며 40대가 되었고, 50대를 앞두며 그 모든 것이 다 지나가는 일이라는 걸 알게 되었다. 울고 있던 과거의 내게로 가 등을 토닥이며 "다 괜찮다"고, "전부 지나간다"고, 그리고 "너는 그 누구보다 잘하고 있다"고 말해주고 싶었다.

아픈 손가락이었던 큰아이를 친정엄마에게 맡기고, 아토피피부염으로 얼굴이 빨갛게 달아오른 작은아이를 뒤로하고 출근하면서, 내 마음도 여러 번 갈기갈기 찢어졌다. 밤늦게까지 야근으로 두 아이 곁에 돌아가지 못할 때는 '무엇을 위해, 누구를 위해 이러고 살아야 하나?' 숱하게 생각했다.

지금 와서 생각해보면, 누구를 위해 이렇게 살았던 건 아니다. 결혼도, 육아도, 남편이나 아이를 위해서 시작한 것은 아니었다. 너무 사랑해서 그와 헤어지기 싫었고, 오랫동안 행복하게 잘 살아보려는 마음에 부부의 연을 맺은 것이다. 더 단단하고 행복한 가정을 만들어보려고 예쁜 아이도 둘이나 낳아 키웠다. 힘들고 지쳐도 소아청소년과 의사라는 직업 역시 소중한 일이기에 지켜온 것뿐이다. 내 인생은 나를 위해 살고 있었다. 누구를 위해, 나를 희생하고자 시작한 일이 아니었다.

나를 위해 내가 선택한 일들이지만, 간혹 예상치 못한 어려움도 있고 가족을 위한 희생도 있을 뿐이다. 그럼에도 삶 속에서 첫 마음을 잊고 자꾸 억울함을 느꼈다. 내 마음을 생채기 내고, 더 힘들게 하는 줄도 모르고.

진료실에서 만나는 사랑하는 나의 환자들, 이 아이들을 매일 먹이고 입히고 씻기고 사랑해주는 엄마들. 시간이 지날수록 그들이 안쓰러워졌다.

"교수님도 그럴 때가 있었나요?"

격하게 끄덕이는 나에게 희망을 갖고 작은 미소를 내보이는 그녀들. 예전에는 진료실에서 만나는 어린 환자들이 예쁘고 귀여웠는데, 요즘은 힘든 육아 전쟁에서 한 줄기 빛을 찾는 젊은 부모들 역시 귀엽고 예쁘게 느껴진다. 그 안에서 힘들고 막막했던 옛날의 내가 보이기도 한다. 이들의 어깨를 가만히 다독여주고 싶다. 글을 쓸 때가 되었다는 뜻인 것 같다.

나는 당당하게, 그리고 자신 있게 말한다. 배 아파 낳은 두 아이가 있고, 가슴 아파하며 함께 키운 여러 아이가 있다고. 모두 내 아이이고, 모두 한마음으로 사랑한다. 배 아파 낳은 아이들과 가슴 아파하며 만난 아이들, 나와 인연을 함께한 아이들이 모두 건강하고, 희망 가득한 세상에서 행복하게 자신의 꿈을 키워 갔으면 한다. 그래서 아픈 아이들을 만나는 내 직업이 필요하지 않은 날이 오면 참 좋겠다.

하지만 현실은 피할 수 없다. 세상에 아프지 않고 크는 아이는 없다. 작은 감기부터 심각한 질병까지, 우리 몸은 다양한 위험에 둘러싸여 있다. 그만큼 마음 한 번 졸이지 않고 아이를 키우는 부모도 없을 것이다. 옆집 아이도, 뒷집 아이도 모두 아픈 일을 겪지만, 내가 모를 뿐이다. 그래도 우리 아이들 대부분은 힘든 일에 맞서 이겨낼 수 있는 힘을 지녔다. 소아청소년과 의사로서 이 대단한 힘을 가진 아이들을 매일 만나는 일이 행복하고 자랑스럽다.

부모가 불안하고 걱정한다고 해서 아이의 병이 더 빨리 나아지지 않는다. 오히려 아이에게 매달리거나 완벽한 부모가 되려고 하면, 내가 이렇게까지 노력하는데 아이가 들어주지 않는다며 괘씸하다는 생각마저 든다. 부모와 아이 사이의 거리가 멀어지는 건 지극히 당연하다. 우리는 부모로서 아이를 지켜보고 도와주는 존재일 뿐이다.

나는 진료실에서 사랑이 넘치는 아이들과 존경할 만한 여러 보호자를 만나왔다. 이 만남을 통해 나 역시 많이 배우고 성장할 수 있었다. 아프면서 크는 소중한 아이들과 씩씩한 가족들의 이야기를 함께 나누고자 한다. 나의 괴로웠던 지난 이야기도 함께 담았다. 환자들의 이름은 가명이며, 그들의 사연은 완전히 동일하지 않을 수 있음을 미리 밝힌다.

이 책을 통해 부모로서 좀 더 편안함을 느끼고, "괜찮아요. 잘하고 있어요", "지금 최선을 다하면 그게 좋은 부모인 거예요"라는 위로와 지지를 받을 수 있으면 좋겠다.

안 아픈 아이는 없지만, 그래서 안 힘든 부모도 없지만, 함께 씩씩하게 아이들에게 희망을 전달하는 어른이 되기를 바란다. 아프더라도 함께 나누고 치료하고 도와주며 같이 성장하는 것이 아름다운 일이라 믿는다. 아이들이 또다시 아플 줄 알면서도 나는 오늘도 이 아이들이 아프지 않기를 기도한다.

✦ 차례 ✦

2 오늘도 진료실에서

과거의 나를 만나다

3 너와 함께,

내 삶의 보물찾기

1

아이는 키우는 게 아니라

크는 것입니다

아프지 않고 ——— 크는 아이는 없다

의사 자녀도 기관지가 약한가요?

이제는 10년도 더 지난 일이다. 외래 진료와 연속된 회의들로 정신없던 날, 병동 회진을 마치자마자 메시지 도착음이 울렸다. 첨부된 동영상에 보이는 두 돌이 지난 둘째 아이의 호흡이 영 이상하다. 아이의 상태가 불안했던 친정엄마가 영상을 찍어 보낸 것이다. 아이의 기침 소리는 컹컹 개가 짖는 것 같았다. 숨을 들이쉴 때마다 꺽꺽꺽, 목소리도 제대로 나오지 않는다. 빗장뼈와 갈비뼈 사이 가슴팍도 쑥쑥 들어가는데 카메라 앞이라고 둘째가 애교 가득 웃음을 띠며 힘겹게 말한다.

"엄마, 아기 아파요. 퇴근하고 빨리 오세요."

기도 위쪽의 점막이 붓고 좁아지는 전형적인 '크루프croup'이다.

크루프는 후두에 생기는 염증 때문에 기도 입구가 막히는 감염성 질환이다. 심하면 질식과 같이 생명을 위협할 수도 있다.

목이 쉰 둘째 아이의 모습을 보자 오랫동안 잊고 지낸 큰아이의 아픈 기억이 떠오른다. 응급 상황으로 일찍 세상에 나온 큰아이는 미숙아 합병증으로 폐도 나쁘고 뇌출혈도 생겼었다. 5개월 무렵에는 크루프로 말 그대로 정말 죽을 뻔했다. 호흡이 점점 힘들어져 병원으로 급하게 이동하던 차 안, 내 눈앞에서 아이의 숨이 불규칙해지더니 그대로 멈추었다. 아이를 자극하고 창문을 열어 찬바람을 맞으며 119에 연락해 도움을 요청했다. 아이를 옮기는 구급차 안에서 나는 내 일이라고 생각해본 적 없는 기관절개술tracheostomy까지 고민해야 했다. 엄마가 의사여도 병원 밖에선 순식간에 나빠지는 아이의 호흡곤란을 어찌할 도리가 없었다. 아찔한 순간을 잘 넘기고도 큰아이의 크루프는 여러 차례 속을 썩였다. 크루프가 잠잠해지고는 호흡이 쌕쌕거리며 자주 가빠졌다.

큰아이는 백일 즈음에 아토피피부염을 진단받았었고, 세기관지염을 몇 번 앓고 나서 '영아 천식'이라는 병명을 달게 되었다. 아토피피부염이 있는 어린아이에게 세기관지염이 반복되면 그 자체로 '천식' 진단을 내리고 치료한다. 나이가 어리면 폐 기능 검사가 어려워서 아이의 병력과 의사의 진찰 소견이 가장 중요한 진단 방법이기 때문이다.

몇 번이나 응급실로 뛰고 입원을 시키며 우리 집에는 웬만한 호흡기 관련 약을 모두 갖추게 되었다. 소아청소년과 의사인 나 역시 아이를 키우며 '우리 아이는 기관지가 약하다'는 걱정이 한가득이었다. '보호자의 마음을 잘 이해하라고 신께서 이런 시련을 주셨나?' 하는 생각까지 들었다. 오죽하면 세부 전공 분야를 호흡기 알레르기로 정하기까지 했을까.

진료실에서 만나는 보호자들 상당수가 아이의 기관지가 유난히 약하다는 걱정을 달고 산다. 돌 이전에 건강했던 아이도 두세 살이 되면 콧물과 기침이 끊이질 않는다. 그래서 진료실에는 항상 불안한 울림이 가득하다.

"몇 달째 기침을 달고 있어요", "감기약 안 먹은 날이 손에 꼽아요", "항생제 없이 못 지내요", "이렇게 약을 먹여도 되나요?", "뭘 달여 먹이면 나아질까요?", "기침을 오래 하다가 천식으로 넘어가는 게 아닐까요?"

걱정이 가득한 새싹 부모들을 위로하는 데 내 얘기만큼 좋은 건 없다.

"아픈 아이를 보는 게 직업인 저도 그랬는데, 처음 아기를 보는 부모님 마음은 오죽하겠어요?"

잘못 스치기만 해도 다칠까, 여린 아이의 기침 소리에 애간장이 타는 게 부모 마음이다. 아이의 기침에 쌕쌕 소리까지 더해지면 부모의 한숨이 하늘에 닿는다. 의사 아빠와 약사 엄마가 배, 도라지, 생강, 영지버섯, 유자, 모과, 프로폴리스, 유산균까지 매일 번갈아 먹이며 힘들어하는 모습도 보았다. 소아청소년과 의사도 어쩌지 못하는 자녀의 약한 기관지, 도대체 무엇이 문제일까? 내 아이의 기관지만 유독 이럴까?

특별한 몇몇 경우를 제외하면 '내 아이만'의 문제가 아니라 '모든 어린이'의 호흡기와 면역 체계가 원래 그렇게 생겼다. 어린이의 호흡기에는 불리한 특성이 차고 넘친다. 기도 지름이 조금만 작아져도 공기 저항이 몇 제곱만큼 커지기 때문에, 가뜩이나 좁은 기관지에 가래가 차면 공기의 흐름은 더 크게 방해를 받는다. 더구나 아이의 기도에는 점액샘이 많아 만들어내는 가래 양이 상당하다. 어른과 달리 코가 막혀도 입으로 바꿔 숨 쉬지 못하니, 아이의 호흡기는 그야말로 삼중고, 사중고를 겪는다. 그래서 가는 세기관지에 염증이 생기면 '삑삑', '쌕쌕' 풀피리 소리가 나고 아기는 금방 숨이 차 헐떡거린다. 이른둥이로 출생하거나 다른 병으로 폐 기능이 떨어지면 호흡기 감염의 여파는 훨씬 더 크고 심할 수밖에 없다.

이전보다 '아이의 기관지가 약한 것 같다'는 부모의 걱정이 많아진 데는 어릴 때부터 단체 생활을 하는 아이들의 수가 늘어난 것과 관련이 있다. 2019년 12월 기준 만 1세 어린이의 81.1퍼센트, 만 2세 어린이의 91.3퍼센트가 어린이집을 다니고 있다.[1] 가뜩이나 면역이 약한 아이들 사이에 접촉이 빈번한 환경에서는 호흡기 질환이 빨리 번진다.

나도 아이를 어린이집에 보낼 때 살펴보면 늘 훌쩍훌쩍, 콜록콜록, 감기 기운이 있는 친구들이 있었다. 더구나 한번 걸린 감염이 낫기 전에 새로운 바이러스를 만나면 엎친 데 덮친 격이다. 증상이 채 끝나기 전에 다시 나빠지면서 콧물과 기침이 끊이지 않고 몇 달 내내 감기를 달고 있는 것처럼 보인다. 가정 보육이 늘고 손을 잘 씻고 마스크를 썼던 코로나 대유행 시기에 호흡기 문제로 병원을 찾던 아이들의 발길이 뚝 끊긴 것이 그 증거이다.

사람의 면역 시스템은 외부 침입자를 만났을 때 어떤 것이든 일단 공격하는 '선천 면역계innate immune system'와, 이전의 침입자를 기억했다가 B세포에서 항체를 만들어 싸우는 '적응 면역계adaptive immune system'로 나눈다. 태어난 지 얼마 안 됐을 때는 첫 번째 방어선도 미숙하고 항체의 종류와 양도 적다. 태어나자마자 부모에게 반갑게 윙크하며 "엄마, 저 낳느라 수고하셨어요. 이제 제가 잘할게요" 하며 어른처럼 인사하는 아기가 없는 것처럼 말이다. 모든 것이 아직 낯설고 미숙한 탓이다.

아이는 성장하면서 여러 환경에 노출되고 사람과 어울리며 다양한 바이러스나 균을 만난다. 어떤 때는 약간의 불편한 증상으로 끝나지만 다른 경우는 열도 심하고 더 고생이다. 이렇게 아픈 일이 반복되며 미생물과 싸우는 법을 잘 기억했다가 '다음에 같은 균이 들어오기만 해봐라'를 배워가는 것이다. 감염성 질환으로 조금씩 아프며 크는 일이 어찌 보면 당연하다. 처음 직장에 들어가 사회생활을 익히는 데 시간이 걸리는 것과 마찬가지이다. 아이의 면역계와 호흡기는 다양한 시험을 여러 번 거치며 똑똑하고 씩씩해진다.

나의 은사님인 이상일 교수님을 처음 만났을 때 대가의 감기약 처방을 보며 고개를 갸우뚱했다. 모두 한결같이 '4일치' 처방이었기 때문이다. 감기의 합병증을 확인하기 위해서인지 묻는 내 질문에 선생님은 고개를 저으셨다. "죽을 사死, 감기 바이러스야, 빨리 죽어라"라는 대답에 나는 웃음을 참느라 힘들었다. 감기약에 특별한 건 없다는 진리가 담긴 농담이었다.

대개의 감기약은 원인 바이러스를 없애지 못하고 병의 기간도 줄이지 못한다. 유명 소아과 진료 책에는 '감기약을 먹으면 7일, 안 먹으면 일주일 만에 좋아진다'고도 나와 있다. 그래도 약을 잘 쓰면 아이가 조금 수월하게 앓고 지나간다. 이 역시 아이에게 약이 필요한 중요한 이유이기도 하다. 하지만 아이에게 허가된 약의 종류도 적고, 어른보다 효과도 떨어져 안타까울 때가 많다.

감기약의 한계만큼이나 아이가 어릴수록 자주 심하게 아프다는 건 많은 부모가 아는 상식이다. 기침이 호흡기에 들어온 나쁜 먼지나 세균을 내보내기 위한 정상적인 방어 기전이라는 것도 잘 안다. 하루에 열 번까지의 기침은 정상이라는 얘기도 잘 알려져 있다. 그래도 아이의 기침이 늘고 아파 보이면 부모는 괴롭다.

오래전 한 선배로부터 '세상에서 가장 심한 통증'을 맞춰보라는 질문을 받았다. "출산, 심근경색, 요로결석, 통풍?"으로 고민하던 내게 들려준 선배의 답은 “내가 아플 때”였다. 남의 암 통증보다 내 손에 박힌 작은 가시가 훨씬 더 아프다는 것이다. 일견 이해가 되는 말이다. 하지만 소아청소년과 의사로 살면서, 그리고 아이 둘을 키우는 엄마로 살면서, 세상에서 가장 괴로운 통증은 ‘내 아이가 아플 때’, ‘내 아이가 힘들 때’인 것 같다. 그래서 남들에게는 대수롭지 않은 아이의 감기 증상에도 부모 마음은 초조하고 불안해진다.

하지만 기침이 시작될 때마다, 열이 날 때마다, 넘치게 걱정하는 것은 부모 마음 건강에 독이 된다. 과도한 걱정으로 불필요한 약을 남용하기도 하고, 꼭 필요한 약을 못 쓰게 될 수도 있다. 어느 병원을 가서 어떤 의사를 만나더라도 일주일은 아파야 좋아지는 병에, 하루에 두세 곳 병원을 쇼핑하며 받은 처방전을 비교 분석하는 부모도 있다. 하지만 조금이라도 달라 보이면 어떤 약을 먹여야 할지, 앞으로는 어느 곳을 가야 할지 판단이 서질 않는다.

이러지도 저러지도 못하는 상황은 부모의 불안을 키우고, 인터넷 카페를 헤매며 질문을 적게 만든다. 그러나 인터넷에 올라온 조언은 자기 자신의 경험이 전부라고 생각하고 즉흥적으로 쓴 글에 불과하다. 아무리 좋은 목적으로 쓴 글이어도 상대의 상황이나 다른 선택 사항을 고려하지 않은 것이어서 내 아이의 건강에 오히려 해를 끼칠 수도 있다. 만약 문제가 생기면 책임질 사람은 아무도 없다. 잠깐은 마음이 편할지 몰라도, 결국 나아지지 않는 상황에 부모의 불안은 배가 된다. 그러니 힘들어도 부모가 이성을 찾아 상황을 객관적으로 보려는 노력이 무엇보다 필요하다.

아이가 아플 때 냉철한 판단은 언제나 중요하다. 물론 과민하게 걱정하는 것도 문제지만 너무 괜찮다고 안일하게 넘기는 것도 문제이다. 아주 드물게 면역 세포에 문제가 있는 아이들은 심각한 감염으로 위험에 처할 수도 있기 때문이다. 나 역시 완벽한 부모가 아니다. 이른둥이로 태어난 큰아이의 호흡기 문제에 너무 신경 쓰다가 빈혈 수치가 정상치의 절반 정도까지 떨어졌는데도 모르고 놓친 적이 있다. 그저 피부색이 나를 닮았다고만 생각하고 지냈다. 소아청소년과 의사인 엄마도 매일 아기를 보다 보면 문제 상황을 놓친다. 따라서 이상 증상이 있다면 신뢰할 만한 의사의 조언을 구하도록 하자. 감염병도 마찬가지이다. 대부분은 괜찮지만 흔치 않은 감염이 반복된다면 '어리니까 금방 나아지겠지' 넘기지 말고 병원을 찾아 확인을 받아야 한다.

3주 이상 오래 가는 기침은 천식에 대한 평가 역시 필수적이다. 아이들은 방어벽이 미숙하고 면역 세포의 조절 기능도 완전하지 않아 천식 같은 알레르기 질환에 취약하기 때문이다. 특히 어린이에게는 호흡곤란도 없고 쌕쌕 소리도 없이 오로지 기침만 오래 하는 '기침이형천식cough variant asthma'이 가능하다.

밤에도 기침이 지속되거나, 찬 공기, 신체 활동, 특정한 환경에서 유난히 기침이 심해진다면 천식을 염두에 두어야 한다. 이 얘기는 반대로 단순한 감기도 2~3주까지는 기침을 할 수 있다는 의미이다. 아이의 전신 상태가 나쁘지 않고 기침이 점차 좋아지는 추세라면 2~3주는 너무 스트레스를 받지 않고 지켜보아도 된다. 천식이어도 너무 걱정하지 않아도 괜찮다. 대부분 소아기를 지나며 좋아지는 경우가 많고, 천식약을 주의하여 사용하면 해가 되는 경우도 거의 없다.

면역에도 균형이 중요하듯이, 부모 역할에도 균형이 필요하다. 지금 최선을 다한다면, 그리고 기본적인 육아 원칙에 충실하다면 너무 걱정하지 않아도 괜찮다. 아이들은 1년에 여섯 번에서 일곱 번까지도 감기에 걸린다. 손을 잘 씻고, 기침 예절을 지키고, 예방접종을 놓치지 않는다면 아이는 아프면서 면역이 발달하고 점차 덜 아프게 된다. 위험한 상황을 놓치지 않는다면 조금 늦게 발견해도 대부분 문제가 되지 않는다. 알레르기나 천식이어도 제때 진단받고 관리하면 좋아질 수 있다.

정말이다. 아프지 않고 크는 아이는 없다. 감기 한 번 안 걸리고 크는 아이가 있다면 당장 학계에 보고할 일이다. 어린이는 대부분 우리 어른들의 생각보다 더 잘 해낸다. 그리고 아픈 아이를 키우며 부모도 함께 성장한다. 그렇게, 그렇게, 어른이 되어가는 것이다.

반드시 병원에 데리고 가야 할 호흡기 증상

어린이 호흡기 질환에서 놓치지 않아야 할 상황을 알아두자. 내 아이가 아래에 해당한다면 가능한 한 빨리 병원에 방문해야 한다.

- ▢ **호흡이 빠르거나, 숨 쉴 때 가슴이 움푹 들어가는 경우**
- ▢ **평소와 다른 숨소리가 들리는 경우**
- ▢ **숨 쉬기 어렵다고 하거나 너무 심하게 아프다고 표현하는 경우**
- ▢ **코 증상이나 기침이 일주일 이상 지속되는 경우**
  (3주 이상 지속된다면 큰 병원에 방문한다)
- ▢ **출생한 지 3개월 이내에 열이 난 경우**
- ▢ **발열이 3일 이상 지속되거나 경련을 동반하는 경우**
- ▢ **해열제를 먹어도 열이 잘 떨어지지 않는 경우**
- ▢ **아이가 너무 아파 보이고 늘어지거나 발진, 구토와 같은 증상이 함께 나타난 경우**

- ▢ **제대로 먹지 못하거나 소변량이 줄어든 경우**
- ▢ **목을 앞으로 빼거나 어깨를 들썩거리며 숨을 쉬는 경우**
- ▢ **입술이나 손끝이 파랗게 변하는 경우**
- ▢ **잠을 못 자거나 토할 정도로 기침이 심한 경우**
- ▢ **기침할 때 컹컹거리는 소리가 나는 경우**
- ▢ **호흡기 증상과 함께 귀를 자꾸 만지거나 아파하는 경우**
- ▢ **평소보다 침을 많이 흘리거나 삼키지 못하는 경우**
- ▢ **면역 결핍증이 의심되는 경우**

  (간, 뇌, 혈액처럼 보통 감염이 잘 생기지 않는 부위에 염증이 생길 때, 입원이 필요할 정도로 심한 감염이 1년에 두 번 이상 생길 때, 보통 사람에게는 거의 없는 곰팡이나 결핵 등 드문 균에 감염될 때)

엄마는
컵라면 요리왕

누군가 내 인생에서 가장 힘든 시기를 묻는다면 주저하지 않고 고등학교 3학년 수험생 때와 전임의 시절이라 답할 것이다. 소아알레르기호흡기 분야를 제대로 배우려고 삼성서울병원 전임의로 근무하면서 새벽부터 밤늦게까지 병원에서 거의 살다시피 했다. 남편은 군의관으로, 아팠던 큰아이는 친정으로, 많지도 않은 세 식구가 흩어져 살았다. 주말이면 아이를 보러 친정에 갔지만 환자 상태가 안 좋으면 이마저도 거를 수밖에 없었다. '엄마 김지현'보다 '의사 김지현'으로, 1년에 휴가 일주일을 빼고는 주말도 없이 출근해 모든 것을 쏟아부었다.

'아이 곁에서 많이 놀아줘야지' 다짐했던 여름휴가, 제주에서 아들은 내 곁에 한 번도 오지 않았다. 낯가림이 어찌나 심하던지, 내가 숙소에 들어가기만 하면 서럽게 울어댔다. 씩씩한 엄마가 되려고 노력했지만 밖으로 나가라는 꼬맹이의 손가락질에 속상한 마음은 어쩔 수 없었다.

아들은 낯가림 이후부터 엄마의 잦은 부재를 당연하게 받아들였던 것 같다. 말을 하면서부터는 누가 묻지 않아도 "엄마는 나 말고도 봐야 할 아이들이 많잖아요"라고 대견하게 말했다. 내가 늦잠이라도 자는 주말 아침에는 "오늘은 환자가 없어요? 왜 안 나가요?" 조금은 서운하게 나를 다그쳤다.

나는 아이의 유치원 행사며 입학식까지 모두 참석하지 못해 마음이 아프면서도 '먹이고 입히는 건 내가 아니어도 되잖아'라고 스스로를 위안했다. 그럼에도 불구하고 '누구네 애는 수학천재라더라', '엄마가 못 챙겨서 문제가 생겼다더라' 하는 소리에 귀를 닫기 어려웠다.

주변에 자아 성취와 아이 뒷바라지까지 완벽하게 해내는 '슈퍼맘'은 또 왜 이리 많은가. '과한 욕심은 금물'이라 되뇌면서도, 첫째 아이에게 홈쇼핑에서 본 번쩍번쩍한 교구도 사다 안기고, 영어 유치원도 보내고, 온라인 학습도 시켜보고, 자막 없는 영어 DVD도 틀어줬다. 쉬는 날에는 열성 맘으로 거듭나 엄마표 학습도 하고, 부족한 영양소를 계산하며 채워 먹이려고도 했다.

내가 더 노력하지 않으면 우리 아이만 뒤처질 것 같은 조급함,

엄마의 불안과 욕심은 온 가족을 피곤하게 만든다. 퇴근 후 만나는 아이가 반가우면서도 낮에 제대로 돌보지 못했으니 집에서라도 더 잘해야 할 것 같은 목표가 생긴다. 주말과 휴일에는 선생님, 팀장님 모드로 거듭난다. 아이는 오랜만에 만나 비비적대다가 정색을 하는 엄마에게 당황하고, 엄마도 피곤함 속의 수고를 모르는 아이한테 짜증이 난다. 옆에서 눈치를 보는 아빠는 작은 불똥이라도 튈까 조바심 한가득이다. 행복해야 할 주말, 어디가 깨질지, 누가 빠질지 모를 살얼음판 위에 모두 서 있다. 이게 끝이 아니다. 학습이나 과업에 대한 과도한 부담은 아이의 건강까지 망친다.

천식이 걱정되어 병원에 온 열 살 주상이는 예의 바르고 똑똑한 아이였다. 아이는 몇 달 넘게 마른기침과 맑은 콧물, 코 막힘이 있다고 했다. 간혹 감기라도 걸리면 호흡곤란이 생기고 가슴에서 쌕쌕 소리도 들렸다. 주상이의 폐 기능 검사 결과는 천식이었고, 알레르기 원인은 집먼지진드기였다. 환경 관리를 하고 흡입 스테로이드제를 사용한 지 3개월이 지나자 증상은 눈에 띄게 좋아졌다. 집먼지진드기에 예민한 반응을 줄이기 위해 면역요법까지 받으면서 코 증상도 나아졌다. 아이는 내게 어른스럽게 감사 인사를 하고 집중도 잘되는 것 같다며 만족해했다.

"선생님, 지난번 코 막힘 점수가 8점이었는데 이번 달은 3점 정도예요."

"이번에 수학 100점 맞았어요. 비염이랑 천식이 좋아져서 그런 것 같아요. 감사합니다."

그러던 어느 날, 주상이가 호흡곤란과 경련으로 응급실을 찾았다는 연락을 받았다. 아이를 보러 응급실에 갔을 때 다행히 생각보다 상태가 나빠 보이지 않았다. 주상이는 숨도 잘 쉬고, 신경학적 검사나 혈액, 영상, 뇌파, 호흡기 검사 모두 정상이었다. 하지만 엄마가 촬영한 동영상에는 식탁 앞에서 아이가 몸을 비틀며 숨을 잘 쉬지 못해 고통스러워하는 모습이 그대로 담겨 있었다. 일주일에 두 번은 이렇게 힘들어하는데 여러 병원의 응급실과 외래에서도 그 원인을 찾을 수 없었다. 주상이의 증상은 주로 오후 시간에 집중되었다. 하지만 기침이나 다른 증상도 없고 주변에서 부르는 소리에 반응도 잘 했다. 몇 분이 지나면 또 언제 그랬냐는 듯이 밥도 잘 먹었고, 게임도 잘 하고, 잠도 잘 잤다.

나는 최근 주상이에게 생긴 변화부터 확인했다. 엄마는 아이가 평소처럼 학교도 잘 가고, 선생님과 친구와도 문제가 없다고 말했다. 맞벌이 엄마, 아빠에게도 이전과 달라진 것이 없었다. 하지만 주상이의 일정을 확인하면서 나는 증상의 원인을 알아냈고, 이를 '영어 학원 증후군'이라고 표현했다.

주상이 엄마는 최근 자녀 교육서와 주변 아이들의 영어 실력에 자극을 받아 영어 학원을 돌며 레벨 테스트를 봤다. 몇 군데 불합격 소식을 들으며 초조해졌다. 상담실에서 들은 "왜 이제 왔어요?", "저만큼 진도 나간 애들 따라가려면 큰일"이라는 말에 엄마의 불안 지수는 극에 달했다. 명문대에 가지 못하면 행복하기 어렵다는 아빠의 다그침은 엄마를 더욱 조급하게 만들었다.

아이의 등록을 허락한 학원은 어려운 숙제가 많기로 유명한 곳이었다. 주상이는 몇 차례 학원에 가기 싫다고 얘기했지만, 엄마는 "학생이 원하는 것만 할 수는 없다"고 대답했다. 대부분의 아이가 중학교에 들어가기 전까지 고등학교 영어를 끝낸다는 정보에 그녀는 물러설 수 없었다. 불안하고 초조한 엄마에게 아이의 어려움은 보듬기보다는 극복해야 할 대상이었다. 아이는 의도하지 않았지만 자신의 힘든 상황을 '신체증상장애'로 나타낼 수밖에 없었다.

'신체증상장애'는 심리적 상태가 뇌의 기능과 반응에 변화를 일으키고 이로 인해 여러 가지 건강 이상 증상이 나타나는 것이다.[2] 아프지 않은데 거짓으로 이상을 호소하는 꾀병과 달리 아이는 실제로 불편한 증상을 경험한다. 당분간 영어 학원을 쉬고 학습지로 대신하라는 나의 처방으로 주상이와 가족을 괴롭히던 오랜 고질병이 감쪽같이 사라졌다.

세상천지 어느 엄마가 아이를 공부로 괴롭히고 싶을까? 하지만 내 아이만 아무것도 하지 않고 손을 놓고 있다가는 앞서 나간 아이와 비교되어 자존심에 상처라도 입지 않을까 걱정이 된다. 본인은 그리 많이 시키는 것 같지도 않다. 그저 남들 하는 만큼 할 뿐이다. "이 동네에서는 다 이 정도 하지 않나요?"라거나 "이 정도면 많이 시키는 거 아니에요"라고 말하는 경우가 많다.

그럼에도 불구하고, 호흡기 알레르기 환자를 위한 내 진료실에서 아직까지 가장 많이 듣는 질문 목록에 "교수님은 어떻게 공부를 잘하게 됐나요?", "선생님 아이들은 공부를 잘하나요? 어느 학원에 다니나요?", "의대에 가려면 어떻게 해야 할까요?"가 있는 걸 보면 학업 스트레스를 줄이는 건 여전히 쉽지 않아 보인다.

물론 주어진 과업을 쉽게 해내고 오히려 더 앞서 달리지 않으면 스트레스를 받는 아이도 있다. 부모는 아이의 상태와 능력을 점검하고 맞춤형으로 대응하는 노력이 필요하다. 아이에게 평소 없던 신체 증상이 나타나고, 짜증이 늘고, 건강에 특별한 이상이 없다면 과도한 학원 스트레스나 스케줄 압박은 아닌지 반드시 되돌아봐야 한다. 아이들은 머리나 배가 아프기도 하거나, 컹컹 기침을 하거나, 호흡곤란을 보이기도 한다. 이럴 땐 '신체증상장애'를 함께 의심해보아야 한다.

부모로서 진정으로 바라는 것을 물었을 때 '아이가 이루는 성과'라고 답하는 부모는 없을 것이다. 마찬가지로 아이가 큰 목표를 이루고 성공해야만 부모가 행복한 것은 아니다. 아이가 건강하게 자신의 삶에서 행복을 느낀다면, 그 자체가 바로 부모의 행복이다. 우리는 아이가 너무 큰 목표 대신, 작은 목표를 세워 그것을 이루며 행복을 느끼도록 해야 한다. 아이의 행복이 부모의 행복이라는, 아이가 태어날 때 가졌던 첫 마음으로 돌아가야 한다.

주상이 엄마를 불안에 떨게 한 자녀 교육서처럼, 시중에 좋은 부모가 되는 방법을 소개하는 책들이 넘쳐난다. 아이를 똑똑하게 키우는 방법, 수학 머리를 키우는 방법, 잘 먹이는 방법, 튼튼하게 키우는 방법, 사회성을 높이는 방법까지 다양하다. 맘 카페에도 소셜 미디어에도 자칭 전문가들이 넘쳐난다. 이것은 역설적으로 좋은 부모가 되는 일이 그만큼 어렵다는 뜻이기도 하다. 부모가 불안하면 그만큼 귀가 얇아지고 지갑이 열릴 수밖에 없다. 부모가 시키는 대로, 아이가 육아서에 쓰여진 대로만 자란다면 세상에 육아 고민은 하나도 없을 것이다. 책은 올바른 육아 원칙과 가치관을 세우는 데 참고하는 것으로 충분하다.

내가 주상이의 문제 원인을 빨리 찾을 수 있었던 이유는 재미있게도 내 아이를 같은 학원에 보낸 적이 있기 때문이다. 진료실에서 종종 문제를 푸는 열쇠가 이처럼 의학 책이나 논문이 아니라, 엄마로서의 경험인 경우가 드물지 않다.

아이가 영어 학원에 다닐 때 받아오던 숙제는 밤마다 나를 괴롭혔다. 평소 엄마를 거의 찾지 않던 아이가 학원에 다니면서 "엄마, 언제 와요? 영어 숙제 봐줘요"라고 전화하는 일이 늘었다. 조금 도와주는 걸로 시작했던 아이의 숙제는 어느새 내가 머리를 싸매고 풀고 있었다. 몇 번쯤 학원에 가기 싫다던 아이는 학원에 가는 날이면 아침부터 헛기침을 하기도 했다. 학습에 대한 흥미뿐 아니라 아이와의 관계도 잃겠다는 생각에 곧바로 정신을 차렸다. 다음 날부터 몇 달 이상, 아이가 원할 때까지 영어 학원은 근처도 보내지 않았다.

가치관이 올바른 사람도 주변의 다른 부모 얘기를 듣다 보면 금세 마음이 흔들린다. "아이를 키워본 사람 말은 일단 믿어야 해요. 아이 키우는 엄마가 나쁜 생각을 할 리가 없잖아요"라는 말이 언제나 사실인 건 아니다. 주변에 나의 불안을 과도하게 자극하는 사람이 있다면 그게 누구라도 거리를 두어야 한다. 잠깐은 맞는 말처럼 느껴져도 정신을 차리고 보면 돈만 쓰고 후회만 남기는 경우가 많다. 남의 말에 솔깃해진 그 순간, 맞는 말인지, 바른길인지 한 번 더 곱씹어봐야 한다. 부모가 쓸데없이 불안하면 아이의 세상은 무너진다.

첫째 아이에 대한 경험을 바탕으로 나는 둘째 아이에게 마음을 더 내려놓을 수 있었다. 교구도 안 사고, 한글도 앞서 가르치지 않고, 영어 유치원도 안 보내고, 엄마표 영어 흘려듣기도 하지 않았다. 학습지 숙제를 싫어하면 "네가 오른쪽, 엄마가 왼쪽, 나눠 할까?" 제안하고, 아이가 원하는 학원이라도 숙제가 적은 곳이 우선순위였다. 그래도 아이에게 학업이 문제가 되지 않았고, 자존심에 상처 입을 일도 없었다. 결국은 학원을 가느냐 마느냐가 아니라 아이의 특성과 능력이 중요하다는 걸 배웠다.

나 역시 밖에서의 업무와 집안의 책임을 다 잘하는 것이 불가능하다는 것을 깨우치면서 가족 모두 편안해지고 아이도 오히려 이전보다 스스로 할 수 있는 일이 더 많아졌다. 엄마 도움 없이 숙제도 제법 잘 해가고, 모르는 단어가 나오면 인터넷을 찾아 뜻과 발음을 익히기도 했다. 물론 영어 수준이 뛰어나지는 않았지만 지금 생각해보면 영어 학원을 계속 다녔어도 더 잘했을지는 모르겠다. 제일 좋았던 건, 아이가 원할 때까지 기다려주면서 학업 문제로 싸울 일이 없어졌다는 것이다. 아이와 각을 세우고 으르렁거리는 일이 없으니 사춘기 한복판에서도 큰 갈등은 찾아오지 않았다.

'죄책감', '불안', '완벽하려는 마음', '과도한 긴장감', '초조함'은 가족 모두에게 독이 되는 감정이다. 내가 마음의 평화를 찾을 때, 아이의 장점을 발견할 수 있다. '스스로 자신을 돌보는 태도'와 '장점을 찾으려는 노력'이 바로 그것이다. 실제로 두 아이는 바쁜 엄마에 적응하며 서로 정보를 나누기도 한다.

"엄마가 약속은 잘 지키는 편이야. 그런데 날짜는 자주 까먹으니까 네가 알아서 챙겨야 돼."

"엄마가 학교 공지 놓치면 안 되니까, 중요한 건 미리 예약 문자를 보내."

"화요일, 금요일은 엄마랑 통화가 안 되는 날이야. 할 말은 미리 해야 해."

"엄마는 계란 노른자를 깨뜨리지 않고 프라이를 잘해."

"엄마는 컵라면 물을 선에 잘 맞출 수 있어."

살림에 자랑거리가 별로 없는 엄마를 '계란 프라이 명장', '컵라면 요리왕'으로 만들어주는 대단한 적응 능력에 박수를 보낸다.

세상 어디에도 백 점짜리 부모는 없다. 많이 양보해서 완벽한 부모가 있다 해도, 나는 완벽한 부모에게서 태어나고 싶지 않다. 실수도 좌절도 없는 부모와의 동행은 생각만 해도 숨이 막히니까.

아이에게는 시련이 필요하다. 그래야 역경을 이기고 극복하는 과정을 배울 수 있다. 그러니 우리는 부모로서 더 잘하려고 너무 노력하지 않아도 괜찮다. 미안해할 필요도 없다. 오히려 과도한 욕심으로 아이를 끌어당길 때, 부모의 기대를 채우지 못하면 아이의 자아 존중감은 상처를 입고, 새로운 일을 시도하고 배우는 것에 겁을 먹는다. 주어진 상황과 시간에서 최선을 다하면, 그게 백 점 부모이다.

바쁜 양육자들을 위한 일상의 작은 조언

바쁜 일상에서 육아를 조금 더 편하고 행복하게 할 수 있는 아이디어가 없을까? 다음의 작은 팁을 실천하면 속상한 순간을 줄이고, 하루를 더 여유롭게, 육아를 더 행복하게 즐길 수 있을 것이다.

- ▢ **스마트폰 알람을 활용한다. 학교와 학원 일정, 방과 후 교실 신청, 예방접종 시기, 병원 예약, 약 먹는 시간까지 미리 알람을 설정해놓으면 놓치지 않고 준비할 수 있다. 특히 중요한 일정이라면 5분이나 10분 간격으로 알람을 여러 개 설정하는 것도 효과적이다.**

- ▢ **매달 생활표를 만들어 가족이 공유하는 공간에 붙여두고 메시지로도 공유한다. 내가 깜빡해도 다른 가족이 대신 챙겨줄 수 있다.**

- ▢ **그때그때 떠오르는 육아 아이디어가 있다면 스마트폰의 메모 앱이나 음성 메모 기능을 적극 활용한다. 나중에 적어야지 하면 잊어버리기 십상. 3개월에 한 번은 메모를 전체적으로 다시 확인해본다.**

- ▢ **다양한 비상 상황에 대비한 체크리스트를 만들어둔다. 아이가 갑자기 열이 날 때 챙겨야 할 약의 종류, 병원에 가야 하는 상황, 입원 시 필요한 물품, 긴급 연락처, 결석을 알려야 할 곳 등을 체**

크리스트로 미리 정리해두면 필요할 때 당황하지 않고 빠르게 확인할 수 있다.

- ▢ 전날 저녁에는 아이의 옷과 본인의 옷까지 미리 세트로 준비해둔다. 옷차림에 신경을 많이 쓰는 아이라면 미리 상의해서 정해야 아침마다 옷을 고르거나 싸우는 시간을 절약할 수 있다.

- ▢ 아이가 잘한 일을 찾아 칭찬한다. 칭찬을 받으면 아이는 다음에도 잘하려고 노력하고, 엄마를 도와주며, 중요한 일을 놓치지 않도록 하는 데 도움이 된다. 아무리 바빠도 하루에 10분은 아이와 온전히 대화하는 시간을 가지자. 서로의 감정을 이해하고 유대감을 쌓을 수 있다.

- ▢ 잊지 않고 꼭 보내야 할 메시지가 있다면 미리 작성해서 예약 문자 기능을 활용한다. 준비물이나 일정을 아이에게 사랑스러운 이모티콘과 함께 미리 예약 발송해둔다. 일정이 취소되었을 때는 예약된 메시지를 지우는 것도 잊지 않는다.

- ▢ 주말에 지나온 한 주를 돌아본다. 바쁘지만 가족이나 자신을 잘 챙긴 일을 떠올리고 스스로에게 칭찬한다. 엄마도 자신을 격려하고 보상해야 지치지 않는다.

- ▢ 혹시 잊은 일이 있더라도 너무 자책하지 않는다. '그럴 수도 있지'라는 마음가짐을 가지면 훨씬 더 여유롭게 일상을 보낼 수 있고, 다음에는 덜 잊게 될 것이다.

좋은 부모는 좋은 연기자이다

나는 임신 28주차에 조산 진통으로 여러 차례 입퇴원을 반복하다가, 응급 제왕절개술로 첫째 아이를 낳았다. 출산 직후 아이는 바로 신생아 중환자실로 옮겨져 인공호흡기를 달았고, 몇 주를 인큐베이터 안에 있어야 했다. 신생아 중환자실 퇴원 이후 몇 달 동안 아이는 분유를 제대로 삼키지 못했다. 어렵게 먹인 후에도 언제 또 웩웩거릴지 몰라 긴장 속에 몇 시간을 보냈다. 수유 시간만 다가오면 가슴이 두근거렸다. 먹이는 일은 매일 전쟁과도 같았다. 몇 달이 지나고도 퇴근길 현관에서 아이의 토 냄새가 나를 맞이하곤 했다.

이유 없이 젖병을 거부하는 아기와 먹이려는 어른 사이의 실랑이가 이어졌다. 아이는 비몽사몽 한 상태에서만 젖병을 물고 삼켜 주어, 잠깐의 수면 타이밍에 맞춘 꿈 수유가 한 달 이상 지속되기도 했다. '가뜩이나 일찍 태어나 아픈 아이가 안 먹으면 어떻게 하나' 하는 걱정이 마음을 무겁게 했다.

나의 불안에 더 불을 지핀 건 점점 빨개지는 아기의 피부였다. 목을 가눌 무렵 시작된 아토피피부염이 얼굴에서 온몸으로 번져 갔다. 피부가 거칠어질수록 이유식은 또 새로운 걱정거리가 되었다. 한동안 우리 집 냉장고에는 '돌까지 먹이지 말아야 할 음식'의 목록과 매 끼니 메뉴와 양과 증상을 기록한 일지가 오래도록 붙어 있었다.

아이를 낳고 불안하지 않은 부모가 있을까? 특히 먹이는 일이 마음 같지 않으면 불안은 극에 달한다. 진료실에서 만나는 모든 부모가 마찬가지이다. 큰아이를 키울 당시, 많은 선진국에서는 아토피가 있는 아이에게 달걀, 밀, 땅콩, 해산물과 같은 음식을 돌 이후까지 미루도록 했다. 그러나 이 지침은 결국 부모의 불안만 높였을 뿐, 알레르기 예방에는 도움이 되지 않았다. 후속 연구에서 이유식을 늦게 시작하고 이것저것 가리면 오히려 알레르기가 더 많이 생긴다고 밝혀졌다.[3]

하지만 아직도 우리나라에서는 많은 부모가 새로운 음식 시도를 주저한다. 아이에게 문제가 생길까 두려워서다. "빨리 발견해도 제대로 관리할 수 있다"는 의사의 설명이 먹히지 않는다. 우리 팀의 연구 결과를 봐도 부모들의 불안은 이유식을 시작할 무렵에 상당히 높아진다. 그렇지만 용기를 내야 하는 이유는, 불안도가 높은 양육자의 아기들에서 알레르기가 더 많이 생긴다는 결과만 봐도 알 수 있다.[4] 부모가 불안하면 아이에게 다양한 음식을 먹이지 못해 이로운 장내 미생물이 줄어들고, 아이의 건강에까지 영향을 주는 것이다.

아이에게 작은 증상이라도 나타나면 스멀스멀 불안이 밀려온다. '뭔가 놓쳐서 아이에게 문제가 생기면 어쩌나' 하는 걱정이 꼬리에 꼬리를 문다. 병원에 가야 하나 말아야 하나, 스케줄 조정부터, 형제가 있다면 다른 아이의 돌봄까지, 그 스트레스가 상당하다. 병원에 괜히 가는 건가 싶다가도, 혹시라도 놓쳐서 나중에 문제가 생길까 두렵다.

나도 그랬다. 작은 아이는 중이염이 반복되어 여러 차례 수술을 받아야 했다. 감기만 걸려도 '다시 중이염인가' 걱정이었고, 귀가 멍한 것 같다는 얘기만 들어도 '또 수술인가' 하는 불안에 괴로웠다. 이런저런 검사 끝에 꽃가루에 의한 알레르기비염이 문제라는 걸 알게 되었다. 예방주사도 무서워하는 아이를 가까스로 설득해서 꽃가루 피하면역요법을 시작했다. 정기적으로 주사를 맞는 게 번거롭고 불편했지만 기간이 길어지면서 더 이상 봄과 가을이 와도, 감기 증상이 시작되어도, 중이염 걱정을 할 필요가 없었다. 당연히 수술 염려도 덜게 되었다.

작은 아이의 치료 과정을 겪으면서 나는 부모의 걱정을 줄이는 치료 방법 선택이 얼마나 중요한지 깨달았다. 특히 알레르기 환자의 경우, 환경 관리와 꾸준한 약물 치료가 필수적이라 부모의 불안은 배가 된다. 집먼지진드기만 하더라도 온습도 관리, 이불 세탁, 청소까지 매일 꼼꼼히 신경 써야 한다. 그럼에도 불구하고 비염이나 천식 증상이 심해지면 부모는 '내가 환경 관리를 제대로 못했나?' 하는 죄책감과 '약을 이렇게 오래 사용해도 되나?' 하는 불안에 시달린다.

이런 상황에서는 오히려 알레르기 항원을 적은 양부터 노출하기 시작해 몸을 적응시키는 면역요법이 제격이다. 면역 체계가 쓸데없이 예민하게 반응하지 않도록 돕는 것이다. 진료실에서는 과학적인 근거보다 "우리 아이도 이 치료 받고 있어요", "우리 아이도 잘 크고 있으니 걱정 마세요" 같은 말이 더 설득력을 가지기도 한다. 두 아이를 키운 경험이 빛을 발하는 순간이다.

큰아이는 고등학생이 되면서 두통으로 힘들어했다. 처음에는 고등학교 입학으로 인한 스트레스 탓이라 넘겼지만 코 막힘까지 심해져 몇 가지 검사를 받았다. 그때서야 두통의 원인이 집먼지진드기라는 걸 알게 되었다. 아이는 혀 밑에 넣는 집먼지진드기 면역치료인 설하면역요법을 받기 시작했다. 준비물이나 스케줄도 자주 잊고, 시험지 마지막 장을 놓치기까지 해 별명이 '아 맞다'인 이 무심한 아들이 처음에 몇 번 약을 빼먹더니, 어느 날부터 말하지 않아도 꼬박꼬박 약을 챙겨 먹기 시작했다. 약이 떨어질 무렵에는 새로 받아야 한다며 먼저 알려주기도 했다. 아이의 변화에 놀란 내게 아들이 말했다.

"엄마, 남들은 이렇게 시원하게 숨 쉬는 줄 몰랐어요."

내가 처음 안경을 쓰고 세상을 볼 때 가졌던 느낌. '아, 원래 이렇게 밝고 또렷하게 보이는 거구나'라고 느꼈던 것처럼 큰아이도 비슷한 생각을 했던 것 같다. 아들은 꽤 오랫동안 '우리 엄마 명의'라며 치켜세워주었다.

부모의 불안을 줄이고 아이가 더 나은 삶을 누리도록 돕는 것은 그만큼 중요하다. 그래서 우리 팀에서는 식품알레르기 환자에게도 경구면역요법을 도입하여 활발히 진행하고 있다. 원인 알레르기 음식을 소량씩 점차 늘려 먹이며 면역 체계를 훈련시키는 치료법이다.

달걀, 우유, 밀처럼 일상에서 피하기 어려운 식품에 알레르기 반응을 보이는 환자는 제한 식이만큼이나 감정 조절이 어렵다. 언제 어떤 상황에서 응급 상황이 발생할지 모른다는 두려움 때문이다. 그래서 환자와 가족의 불안을 줄이는 방법으로 경구면역요법을 선택한다. 치료 기간이 길고 신경 쓸 일도 많지만 알레르기 반응과 '밀당'을 하며 점차 알레르기 음식과 '맞짱'을 뜨려는 용기를 가지는 것이다.

어느 날, 코 증상이 오랫동안 이어진 중학생 환자와 엄마가 진료실을 찾았다. 검사를 마치고 진료실 문을 나서며 한 번 더 돌아보는 엄마의 얼굴에 걱정이 한가득이다.

"선생님, 오늘 아이가 검사를 받느라 힘들었는데 오후에 운동을 해도 될까요?"

"네, 괜찮아요. 평소대로 하셔도 됩니다."

"그런데 너무 걱정이 돼서요. 오늘 무리한 것 때문에 증상이 심해질까 봐요."

"별문제 없겠지만 많이 걱정되면 오늘 하루 쉬도록 하세요."

"네, 아이가 운동선수인데 곧 중요한 시합을 앞두고 있거든요. 그냥 예정대로 운동을 하면 안 될까요?"

"네, 건강에 무리가 되지 않을 거예요. 계획대로 하셔도 돼요."

"그래도 운동했다가 힘들어질까 봐 불안해서요."

"그럼 하루 쉬도록 하세요."

무한 도돌이표의 반복 속에 진료실 밖으로 나가려던 아이가 들어와 엄마에게 목소리를 높인다.

"엄마, 이제 좀 그만해! 엄마가 자꾸 그러면 나까지 불안하다고 했잖아!"

부모의 불안은 아이의 불안으로 옮겨간다. 아이의 삶에서 일어나는 많은 사건들이 실제로는 큰 결과로 이어지지 않는다. 하지만 부모가 그 사건을 어떻게 해석하고 만들어가는지에 따라 그 의미와 결과는 크게 달라진다. 부모가 불안하더라도 그 마음을 아이에게 들키지 말아야 하는 이유이다. 그래서 나는 자주 "좋은 부모는 좋은 연기자이다"라고 강조한다. 불안하지 않은 부모는 없지만 아이에게 불안을 들키지 않도록 감정을 잘 다스려야 한다.

인터넷에서 쉽게 접할 수 있는 각종 약품 정보 역시 부모의 공포심과 불안을 자극한다. 두세 장이 훌쩍 넘는 약 설명서가 부모의 스트레스를 한껏 부추긴다. 불안한 부모는 마음에 철벽을 치고, 의사는 약의 필요성을 설득하느라 팽팽한 신경전을 벌인다.

> 아이가 한 달 넘게 기침을 해서 흡입 약을 처방받았어요. 집에 와서 검색해보니까 스테로이드가 든 걸 알고 깜짝 놀랐어요. 이게 부작용이 보통이 아니잖아요. 포장 박스에도 무서운 말이 엄청 많더라고요. 그래도 기침이 심해서 쓰기는 해야 할 것 같은데 영 찝찝해요. 이걸 오랫동안 써도 정말 괜찮은 건가요? 내성이 생기고 문제되는 건 아닐까요? 기침이 나아지면 바로 끊어도 되겠지요?

맘 카페에도 '오늘 병원에서 처방받은 약인데 문제가 없는지 봐주세요', '두 군데 방문한 병원의 처방 중에서 어떤 걸 먹일지 알려주세요'라는 글이 자주 올라온다. 댓글이 달릴수록 마음이 편해지기는커녕, 선택은 더 어렵고 불안해진다. 그러다 '치료에 대한 상담은 인터넷이 아니라 담당 의사와 상의해야 한다'는 글에 안도하기도 한다. 전문가의 의견이 가장 신뢰할 수 있는 정보라는 사실을 본능적으로 알기 때문일 것이다.

때로는 인터넷에서 찾은 논문 하나만으로, "이대로 해주세요" 하며 요구하기도 한다. 하지만 논문 하나로 중요한 결정을 내릴 수는 없다. 연구 대상이 우리 아이와 같은 나이인지, 어떤 특징이 있는지, 한계점은 무엇인지, 결과가 일반화될 수 있는지까지 신중하게 검토해야 하기 때문이다.

함께 검토하고 내린 결정에도 부모의 얼굴에서 불안한 기색이 가시지 않을 때 내가 주로 선택하는 방법은 객관식 문항으로 다시 정리하는 것이다. '부모가 불안하지만 아이에게 이로운 선택'과 '부모가 편안하지만 아이에게 해가 되는 선택' 중 하나를 고르도록 한다. 다행히 지금까지 내 진료실에서 후자를 선택하는 경우는 없었다.

사실 병원에서의 선택이 특별해 보여도, 일상에서의 선택과 크게 다를 바 없다. 다른 아이들과 싸울까 봐 학교에 안 보내거나, 교통사고가 걱정되어 병원에 가지 않거나, 재능이 넘치는 아이를 다칠까 봐 운동에서 빼내는 부모는 없다. 아이의 건강 문제도 마찬가지이다. 아이의 건강을 최우선으로 두는 마음은 부모와 의사가 다르지 않다. 마음 한구석에 자리 잡은 불안함은 얼마든지 꺼내 풀어내면 된다. 세상에 부작용 없는 약도 없고, 문제없는 삶도 없다. 마찬가지로 하나도 불안하지 않은 부모도 없다. 진료실에서 염려되는 부분은 솔직히 털어놓고, 의사에게 약의 필요성과 가능한 부작용, 그 대처 방법까지 배우면 된다. 설명이 미흡하거나 불편하다면 마음 상할 이유도, 실망할 필요도 없다. 나와 잘 맞는 다른 의사를 찾으면 그만이다. 세상 모든 사람이 나와 잘 맞을 수는 없지 않은가?

세빈이는 어릴 적 심한 아토피피부염으로 많은 날을 병원에서 살았다. 식품에 대한 알레르기도 심해서 주사로 대부분의 영양 공급이 이루어졌다. 아나필락시스anaphylaxis 쇼크로 병원을 찾는 일도 잦았고, 혹시 모를 사고를 대비한 에피네프린 자가주사약이 엄마의 핸드백과 아이의 가방에 언제나 들어 있었다.

음식점 직원의 부주의로 전신 알레르기가 심하게 생겨 응급실을 다녀간 날, 세빈이 엄마는 "아이가 죽을지 모른다는 공포가 가장 힘들다"며 내 마음을 절절하게 만들었다. 하지만 세빈이는 씩씩하고 지혜로운 젊은이로 아주 잘 자랐다. 원하는 대학의 원하는 학과에 합격하고, 대인 관계도 모범적인, 그야말로 최고의 '엄친딸'로 자랐다.

나는 이제 대학을 졸업하고 멋진 사회인으로 성장한 세빈이에게 '알레르기 교육 강좌'에서 어린 환자와 부모님을 위한 강의를 부탁했다. 하지만 거절의 대답을 전해 듣고 세빈이 엄마를 더욱 존경하게 되었다.

"엄마, 나는 할 수 없어. 내가 아팠던 게 하나도 기억이 안 나. 엄마가 나를 사랑해주고 노력했던 것만 기억이 나."

세빈이 엄마는 알레르기 관련 논문과 육아서를 두루 섭렵하며 아이에게 좋은 환경을 만들어주려고 노력했다. 그런데 목표는 알레르기를 하루 빨리 없애는 것이 아니라, 아이에게 힘들었던 기억이 트라우마로 남지 않도록 하는 것이었다. 그래서 부모의 불안한 마음이 아이에게 전달되지 않도록 끊임없이 노력했다.

아나필락시스로 병원 응급실에 실려 가는 날에도 편안한 표정과 태도를 유지하며 "괜찮아. 병원에 가면 별 문제없어. 이건 큰 문제가 아니야"라고 침착하게 얘기해주었다. 그리고 아이 앞에서 눈물도, 조급한 모습도 보이지 않았다. 못 먹는 음식 때문에 학교에서 불편한 상황이 있어도 누구를 원망하고 불안해하기보다 함께 해결하는 방법을 찾으며 아이 마음을 편하게 만들기 위해 노력했다. 골고루 먹는 것 대신 아이가 잘하는 것을 찾아 칭찬하면서 자신을 사랑하도록 이끌었다. 부모는 불안해도 아이는 불안하지 않도록, 그래서 아픈 기억이 머리에도 남지 않을 만큼 편안한 아이로 성장하도록 도왔다. 병에 상관없이 자신이 그 자체로 소중한 사람이라는 가치를 받아들이게 했다는 점에서 나는 이 가족을 너무도 존경한다.

부모의 적당한 불안은 아이를 건강하고 안전하게 키우는 원동력이다. 적당히 예민한 부모는 아이의 어려움을 빨리 알아채고, 문제가 커지기 전에 해결한다. 사고가 날까 불안한 마음에서 욕조에 미끄럼 방지 매트를 깔고, 안전 가드를 설치하고, 카시트를 점검하고, 미리 심폐소생술을 배우기도 한다. 아이의 예방접종도 전염성 질환에 대한 불안에서 비롯된다. 아이의 건강과 심리 상태에 변화가 보이면 전문가를 찾는 것 역시 걱정하는 마음에서 나온다. 과도한 불안이 문제지, 불안한 마음에서 균형 잡힌 육아 태도를 유지하는 것은 칭찬받을 일이다.

어린 시절 적당한 시련과 좌절이 아이를 튼튼하게 키우듯, 부모의 적당한 불안 역시 독이 아니라 약이다. 나는 세빈이처럼 괴로웠던 유년의 기억을 씩씩한 뿌리로 삼아 세상에서 푸르른 잎과 탐스런 꽃으로 삶을 빛내는 멋진 이들을 많이 만났다. 그들 뒤에는 연기 대상이 아깝지 않을 만큼 불안한 모습을 잘 감추고 편안한 환경을 만들어준 부모가 있었다.

오늘도 나는 진료실에서 만나는 부모들의 불안을 덜어내기 위해 노력할 것이다. "먹는 문제로 속 썩이던 아이가 이제는 너무 많이 먹는 게 걱정"이라거나, "매번 아프고 걱정했던 문제들도 성장의 한 부분으로 다 지나갔다"고 "그래서 기억도 잘 나지 않는다"고 얘기하면서 말이다. 한때 나를 괴롭혔던 불안은 사라지고 그 자리에 건강하고 밝은 아이들만 남은 걸 기억하면서, 진료실에서 만나는 부모의 불안이 아이에게는 보이지 않기를 소망한다. 그래서 우리 아이들이 건강하고 행복하게 자랄 수 있기를 간절히 바란다.

알레르기 질환이 있는 어린이의 먹거리 관리

알레르기가 있는 아이의 육아는 세심한 배려가 필수! 먹거리에 신경을 쓰느라 때로는 부담스럽지만, 일상에서의 작은 노력이 가족 모두를 더 편안하고 안전한 생활로 이끈다. 하지만 과도한 걱정은 금물이다. 필요한 부분만 신경 쓰고, 나머지는 내려놓는 연습으로 일상이 더 행복해질 수 있다.

- ▢ **병원에서 알레르기 음식으로 정확히 확인된 음식만 제한한다. 실제 알레르기가 없는 음식을 과도하게 차단하면 가족 모두가 불필요한 스트레스를 받는다. 병원에서 검사를 받고 확실히 알레르기 반응이 확인된 음식만 제한해 마음의 부담을 줄이는 것이 좋다.**

- ▢ **외출하거나 가공식품을 구입할 때는 알레르기 성분이 포함되어 있는지 라벨을 확인하는 습관을 들인다. 작은 관심과 습관이 큰 사고를 예방할 수 있다.**

- ▢ **알레르기 음식을 대체할 수 있는 다양한 식재료와 레시피를 미리 찾아두면 아이에게도 즐거운 식사를 제공할 수 있다. 아이에게 "이 음식은 못 먹지만, 대신 다른 재료로 맛있게 만들어 먹을 수 있어. 엄마, 아빠랑 같이 만들어볼까?"라고 긍정적으로 설명해 준다. 함께하는 경험이 아이의 마음을 더 편안하게 해줄 것이다.**

- ▢ 어린이집이나 학교에 알레르기 정보를 간단하고 알기 쉽게 전달해 사고를 예방한다. 너무 자세한 정보보다는 꼭 필요한 내용을 명확히 전달하는 것이 좋다.

- ▢ 아토피피부염이나 천식이 있다고 해서 무조건 음식부터 제한하지 않는다. 심한 아토피피부염이 있는 아이들 중에서도 절반 정도만 특정한 음식의 영향을 받는다. 다른 아이에게 문제가 되는 달걀, 우유, 밀이 우리 아이에게는 아무렇지도 않을 수 있다. 전문의와 상담 후 정확히 진단된 음식만 주의하는 것이 현명하다.

- ▢ 알레르기 면역 반응을 낮추기 위해 경구면역요법을 시작할 때는 전문의와 충분히 상의하고 아이에게도 이해를 구해야 한다. 아이에게 "이제 치료해야 하니까 먹어야 해"라며 갑작스럽게 음식을 권하면 혼란스러워할 수 있다.

- ▢ 알레르기 반응으로 힘든 일이 있어도 아이에게 부정적인 기억이 오래 남지 않도록 노력한다. 가능한 한 편안한 환경에서 함께 해결하는 방법을 찾고, 아이의 장점을 찾아 칭찬하면 스스로의 가치를 인정하고 사랑하게 된다.

✦ 사랑해서 예민합니다

어린 시절, 나는 닭 껍질을 무척 좋아했다. 닭 요리가 나오는 날이면 엄마한테 껍질부터 부탁하곤 했다. 하지만 초등학생 때 할머니 댁에서 친척들과 닭죽을 먹은 이후, 서른 살이 넘어서까지 삶은 닭 껍질을 먹을 수 없었다.

"너 이것 좋아한다며?"

짓궂은 친척이 내 밥그릇에 자신의 입으로 씹던 닭 껍질을 그대로 뱉어냈기 때문이다. 그 이후로 나는 삶은 닭 껍질을 보면 욕지기가 올라왔다. 나의 '편도체'가 유난히 활성화되어 나쁜 기억으로 '해마'에 강하게 저장이 된 모양이다. 이후로도 이 음식만 보면 내 몸을 보호하려는 본능이 예민하게 반응했다. 어린 시절의 부정적인 경험이 심리적 장벽이 되어 특정 음식을 못 먹게 되는 걸, 그래서 트라우마가 강력하다는 걸, 의사가 되어 진료실에서 환자들을 만나며 다시 느끼곤 한다.

식품알레르기로 경구면역요법을 받는 환자들도 민감한 면역체계만큼이나 예민한 마음으로 어려움을 겪는다. 어린 시절부터 귀에 못이 박히도록 위험하다 듣고, 절대 먹어선 안 된다고 믿었던 음식을 어느 날 갑자기 먹기 시작해야 하기 때문이다. 부정적인 감정과 나쁜 기억으로 오랫동안 각인된 음식을 매일 꾸준히 먹기가 쉬운 일은 아니다. 운 좋게 치료가 성공적으로 끝나 알레르기가 없어졌는데도 일부 아이들은 여전히 그 음식을 피하려 한다. 치료 과정에서 매일 조금씩 먹어야 했던 불쾌한 기억 때문에 아예 치료 자체를 거부하는 경우도 있다.

형빈이도 그랬다. 어릴 때 자주 토하던 아이는 평소보다 조금만 많이 먹어도 어김없이 토하고 힘들어했다. 달걀을 좋아하던 형빈이가 과식으로 토하는 일이 많아지자 엄마는 건강한 아이에게 알레르기가 있다고 거짓말을 했다.

"너는 달걀 알레르기가 있어서 자꾸 토하는 거야. 알레르기 반응이 생기면 위험해질 수 있어."

입학을 앞두고 학교 급식을 걱정한 엄마가 아이에게 이제는 알레르기가 없어졌다고 설명했지만 소용이 없었다. 달걀이 괜찮다는 설명을 듣고, 병원에서 달걀을 먹고도 아무 일이 없었지만 아이의 두려움은 쉽사리 수그러들지 않았다. 여전히 위험한 음식이란 생각에 형빈이는 학교에서도 달걀을 먹을 수 없었다.

정기 진료로 병원에 방문한 여원이 엄마는 눈물부터 한참 흘리고 나서야 이야기를 꺼냈다. 생선 알레르기가 심한 탓에 급식 대신 도시락을 싸갈 수 있도록 학교의 배려를 요청했지만 면전에서 바로 거절당했다는 것이다. 병원에서 처방받은 비상약조차 보관을 꺼리는 것 같다며 아이에게 위험이 닥치면 어떻게 할지 불안한 상태였다. 조심스레 이유를 물어보자, "혼자만 특별 대우를 받을 수 없다"는 답변을 들었다고 했다.

"특별히 알레르기가 있는 아이니까, 특별한 대우를 받는 게 당연하잖아요."

내가 학교의 상황을 이해하지 못하자 여원이 엄마는 부연 설명을 했다. 얼마 전 건강한 아이가 알레르기를 핑계로 먹기 싫은 음식을 빼달라고 요구했다가 병원 진단서를 받지 못해 거짓말이 들통난 일이 있었다는 것이다. 그 아이의 엄마는 오히려 화를 내며 민원을 제기했고, 이후로 진짜 알레르기가 있는 아이들이 눈치를 보는 상황이 되었다는 것이다.

알레르기를 핑계로 특정 음식을 거부하는 모습은 경구면역요법이나 제한 식이로 어려움을 겪는 가족들에게 또 다른 상처가 된다.

불쾌한 상황을 피하기 위해 알레르기를 내세운 거짓말은 실제 환자와 가족에 대한 부정적인 선입견을 강화시킨다. 이는 실제로 알레르기가 있는 아이들이 오히려 소외되는 결과를 초래할 수 있다.

지유는 태어나면서부터 예민한 아이였다. 자주 울고 깨어 세 시간 이상 잠을 자지 못했다. 이유식을 시작한 이후 아이의 예민함은 더욱 심해졌다. 쌀과 채소 미음을 먹일 때마다 울고 보채는 일이 잦아졌고, 하루에도 여러 차례 토하며 괴로워했다. 엄마는 이유식을 적게 먹이면 아이가 덜 보챈다고 생각해 분유만 먹이기로 했다. 집에서 요리할 때 나는 연기에도 반응하는 것 같아 가족은 외식을 하며 지냈다. 그러고 나서야 아이는 비로소 편안해 보였다.

그러나 이때부터 엄마를 괴롭힌 건 아이의 예민함이 아니라 주변 사람들의 비난이었다. 시댁 식구들은 지유 엄마가 지나치게 신경 쓰는 모습을 불편해했다. 심지어 지나가는 사람들마저 "엄마가 너무 예민해서 애가 오히려 문제가 생긴다"며 한마디씩 했다.

지유 엄마는 울면서 진료실을 찾았다. 나 역시 쌀미음이나 조리 과정에서까지 반응하는 지유의 모습이 유난하게 보여, 정말 음식이 문제인지 의아했다. 아이를 병원에 입원시켜 유발 검사를 받도록 했다.

쌀미음을 조금 먹고 한 시간쯤 지나자 아이의 우는 소리가 병동 전체를 울릴 정도로 커졌다. 도저히 달랠 수 없을 만큼 울고 괴로워했다. 지유의 배가 불러오고, 피부는 창백해지기 시작했다. 시간이 지나며 구토가 시작되더니 혈액검사에서 염증 지표인 백혈구 수치가 올라간 것을 확인할 수 있었다.

엄마의 유난한 마음이 문제가 아니었던 것이다. 지유는 '식품단백질유발장염증후군FPIES, Food Protein-Induced Enterocolitis Syndrome'이라는 드문 병으로 진단되었다. 쌀은 소화가 잘되고 알레르기 유발 가능성이 적어 대부분의 아기들이 이유식 시작 음식으로 선택하지만, 지유의 몸에서는 쌀 단백질이 특정 면역 세포를 활성화시켜 심각한 과민 반응을 일으킨 것이다. 지유는 쌀과 채소, 고기를 포함해 먹을 수 있는 음식이 거의 없었다.

엄마의 마음이 지나치게 예민한 게 아니라 아이의 면역이 예민한 것입니다. 지유는 병원에서 과도한 면역 반응이 문제가 되는 식품단백질유발장염증후군으로 진단을 받았습니다. 쌀을 포함한 대부분의 음식에 과민한 반응이 있어 식이 제한이 필요하고, 이로 인해 지유와 부모님 모두 많이 힘든 상황입니다. 함께 이해하고 배려해주시기를 부탁드립니다.

나는 엄마의 예민함 덕분에 진단을 하게 된 고마움과, 그동안 믿지 못했던 미안함을 담아 친척들에게 마패처럼 내보일 편지를 썼다. 사랑하지 않았다면 이토록 예민하게 아이를 돌볼 수 있었을까? 타인의 비난과 편견 속에서도 엄마의 예민함은 지유의 건강을 지키는 든든한 울타리가 되었다.

하지만 때로는 아이를 사랑하는 마음에서 비롯된 예민함이 오히려 아이의 건강을 해치기도 한다.

민우 엄마는 매일 루틴처럼 아이의 상태를 물어보았다. 처음에는 민우가 몸을 긁거나 얼굴을 찡그리면 "간지러워? 어디 불편해?" 하고 물었지만, 어느 순간부터는 아침에 일어나거나 학교에서 돌아온 민우에게 습관처럼 괜찮은지, 가렵지 않았는지를 물었다. 민우가 어릴 때 겪었던 두드러기와 아토피가 다시 시작될까 봐 살얼음판을 걷는 듯했다. 시간이 흐르면서 이제는 민우가 괜찮다고 해도 폭풍 전야처럼 불안이 커졌다. 불편한 증상이 다시 시작되면 이 평화가 깨질 것만 같은 두려움이 밀려왔다.

어느 날부터인가 민우가 괜찮다고 대답하는 날이 점점 줄어들기 시작했다. 이제는 엄마가 묻지 않아도 간지러워 긁느라 힘들다고 호소했다. 학교에서 이유 없이 배가 아프다며 울기도 했다. 병원에서 받은 검사에서는 특별한 이상이 발견되지 않았다. 나는 민우 엄마에게 "증상의 빈도는 파악하되 먼저 묻거나 관심을 보이지 말라"는 처방을 내렸다. 며칠이 지나 아이의 증상은 나아졌다.

지한이는 국제학교에 다니는 모범생이었다. 엄마는 대형 약국의 대표 약사, 아빠는 유명 변호사였다. 오랜 기침과 호흡곤란이 반복되었던 아이의 진단명은 천식이었다. 하지만 부모는 매일 사용해야 한다고 지시받은 천식 조절제를 일주일 만에 중단하기로 했다. 천식 증상이 심해도 꾸준히 약을 써야 한다는 사실을 받아들이기 어려워했다. 염증을 줄이는 약의 효과보다 부작용에 대한 걱정이 컸기 때문이다. 지한이의 호흡곤란은 점점 심해져 학교에 가기 힘들어졌고, 결국 입원 치료를 받기로 했다.

입원 후 첫 며칠 동안은 할머니가 간병을 맡았다. 약을 제대로 사용하기 시작하면서 아이의 증상은 눈에 띄게 나아졌다. 하지만 엄마가 병실을 지키면서 호흡곤란이 다시 생기더니 점차 빈도가 늘었다. 어느 날 아침, 일찍 회진을 돌며 병실을 방문한 나는 천식만이 문제가 아님을 알게 되었다. 병실을 온통 채운 두꺼운 영어 원서와, 엄마 앞에서 한참 앞선 단계의 수학 문제집을 붙잡고 울고 있는 지한이를 보았기 때문이다. 당황한 의료진을 마주하며 엄마는 아이의 부족한 부분을 보완하려면 어쩔 수 없다고 설명했다.

아이가 아프지 않기를 바라는 마음, 약물의 부작용이 없기를 바라는 마음, 아파도 성적이 떨어지지 않기를 바라는 마음, 모두 아이에 대한 깊은 사랑과 그로 인한 예민함에서 비롯된 것이다. 그러나 건강하고 좋은 성적으로 최고의 삶을 살기를 바라는 마음이 오히려 아이의 신체와 정신 건강을 해칠 수 있다. 사랑에 뿌리를 두었어도 과도한 걱정과 집착은 아이에게 해가 된다.

특히 천식 치료에 사용되는 흡입 스테로이드는 이름만 들어도 부작용에 대한 걱정이 앞선다. 이는 '휴리스틱heuristics'이라는 심리적 기제와 관련이 있다. 즉, 명확한 해결책이나 정보가 부족할 때 직관이나 간단한 규칙을 바탕으로 어림짐작해 문제를 빠르게 판단하는 경향을 말한다. 아이가 아플 때 부모로서 무력감을 느끼면 여러 가지 지레짐작이 생기게 마련이다. 더구나 우리는 부정적인 정보를 더 쉽게 기억하고 크게 반응하기 때문에, '흡입 스테로이드'라는 말만 들어도 부작용에 대한 우려가 먼저 떠오르고, 그 위험을 실제보다 과대평가하게 된다. 두드러기나 아토피가 재발할까 봐 걱정하는 마음도 마찬가지다. 과거의 부정적인 경험을 바탕으로 미래를 예측하는 경향 때문이다. 부모는 힘들었던 상황이 재발할 가능성에 대해 지나치게 예민하게 받아들인다. 실제로 일시적인 가려움이나 발진이 아토피 때문일 가능성이 거의 없는데도 말이다.

따라서 삶을 행복하게 만들고 싶다면 평소에 나쁜 뉴스보다 긍정적인 소식을 더 많이 접하는 것이 좋다. 과거의 좋았던 경험을 떠올리며 자신을 긍정적으로 세뇌하는 노력이 필요하다. 변화가 미미하게 보일지라도, 습관이 삶을 변화시키는 힘은 생각보다 강하다. 제임스 클리어의《아주 작은 습관의 힘》에서는 습관이 우리의 자존감과 정체성의 다른 표현이며, 지금 하고 있는 작은 노력과 습관이 지수함수처럼 삶에 쌓여 긍정적 영향을 크게 발휘한다고 설명한다. 생각도 습관이다. 나쁜 감정이 자연스럽게 떠오르지 않도록, 평소에 긍정적 사고를 연습하는 것만으로도 부정적인 판단의 가능성이 줄고, 예민함이 불필요한 불안과 집착으로 발전하는 것을 막을 수 있다. 결국 균형 잡힌 시각과 통제력으로 가족의 삶 전체를 아름답게 만들 수 있다.

사랑하기에 예민한 것이다. 내 몸을 보호하려는 마음에 먹거리에 대한 나쁜 기억이 오래도록 나를 통제해온 것처럼 말이다. 아이를 너무 사랑한 나머지 과거의 아픈 기억이 아이의 건강에 대한 불안으로 이어진 것이다. 그 결과, 다른 사람의 아픔을 이해하지 못한 채 알레르기를 핑계 삼기도 한다. 예민한 관찰력으로 내 아이의 병을 진단하면서도 때로는 제대로 치료하지 못하고 아이에게 스트레스를 주기도 한다.

나 역시 많이 예민한 사람이다. 내 아이가 아프게 태어나지 않았다면 누구보다도 더 예민하게 집착하고 아이를 괴롭혔을지도 모른다. 그래서 예민함을 줄이기 위해 작은 습관처럼 나를 세뇌했다. '아이는 내 인생의 톱니바퀴 중 하나일 뿐'이라는 것을, 대부분의 상황에서 '아이는 키우는 게 아니라 스스로 크는 것'이라는 사실을 말이다. 휴가지로 바다와 산 중 어느 쪽을 선택해도 별 문제가 생기지 않듯이, 대부분의 선택이 별 문제를 일으키지 않는다. 오히려 오랜 기간 과도하게 고민하고 집착할수록 아이에게 해가 될 수 있다.

아이는 내 삶의 다른 중요한 부분들과 함께 맞물려 돌아가는 톱니바퀴이다. 의사, 아내, 딸, 며느리, 제자, 선생으로 돌려야 하는 여러 톱니바퀴와 함께, 엄마로서의 역할도 조화롭게 돌아가는 톱니바퀴 중 하나일 뿐이다. 이 중 어느 하나라도 걸리면, 전체가 삐걱거린다. 삶의 모든 톱니바퀴가 제대로 돌아가게 하는 건 언제나 쉽지 않다. 하지만 삶은 원래 그런 것 아닌가? 아이가 있어서, 아픈 아이를 치료하느라 힘든 게 아니라, 삶의 디폴트, 즉 기본값 자체가 누구에게나 고통스럽게 설정되어 있기 때문이다. 피하려 애를 써도 봄이 지나면 여름이 오고, 또 가을과 겨울을 맞이하는 계절의 변화처럼 그저 자연스러운 것이다. 그래서 하루를 마친 후, 모든 톱니바퀴가 잘 돌아갔다면 그저 감사할 뿐이다.

내 아이 역시 처음의 걱정보다 나날이 성장하고 있다. 아직 부족하고, 여전히 때로는 아프고 힘들지만 말이다. 어려운 경험을 딛고 멋진 청년으로 성장하고 있다. 내가 완벽하게 키워내려고 했다면 지금처럼 아이와 잘 지낼 수 있었을까? 사춘기로 힘든 시기를 지나고 있음에도 아들에게 사랑한다는 고백을 들으며 오늘도 생각한다. '너는 나의 톱니바퀴가 맞다'고. '나는 너를 키운 게 아니라 네가 크는 걸 본 것뿐'이라고. 역시 '성장의 힘을 믿어야 한다'고.

불안을 줄이고 행복을 키우는 상상

부모로서의 삶은 때때로 불안과 걱정이 넘치고, 육아에는 확실한 정답이 없지만, 일상에서 습관처럼 떠올리는 작은 생각이 큰 행복을 불러올 수 있다.

- ▢ **밤에 잠들기 전, 하루 중 감사한 일 한 가지를 떠올린다. 즐거운 순간, 행복한 감정이 꿈이나 다음 날까지 이어질 수 있다. 마트에서 친절했던 직원이나, 직장에서 칭찬을 건넨 상사도 좋다. 나를 미소 짓게 만들며 잠드는 연습을 한다.**

- ▢ **나쁜 일로 속상한 날이었다면 잠들기 전 "이보다 더 안 좋았을 수 있어. 그래도 다행이야"를 되뇌어본다. 어려운 상황이 덜 심각하게 느껴지고, 마음이 한결 가벼워진다.**

- ▢ **아이를 키우면서 행복했던 순간을 의식적으로 되새긴다. 아이가 이유식을 잘 먹던 순간이나, 처음 걸음마를 뗀 대견한 모습을 기억하면 마음이 따뜻해진다.**

- ▢ **아이가 의젓하게 자라는 모습을 기억 창고에서 꺼내본다. 어른스럽게 조언하거나 부모의 편을 들어주는 모습에서 멋지게 성장한 아이의 미래를 상상한다. 부모의 지혜와 사랑이 내 아이에게서 느껴지는 순간, 부모로서의 삶이 의미 있게 빛난다.**

- [ ] 한 주 동안 내가 부모로서 잘한 일을 생각하고, 다음 주에 성취하고 싶은 아주 작은 목표를 세운다. '아이에게 소리 지르지 않기'나 '매일 기쁜 일 하나씩 떠올리기' 같은 작고 구체적인 목표가 성취감을 높이고 자신감을 키워준다.

- [ ] 지나치게 화려하거나 부러움을 자극하는 사람들의 SNS를 멀리한다. 불안을 키우는 콘텐츠 대신 긍정적이고 소소한 행복을 나누는 사람들의 이야기에 집중한다.

- [ ] 때로는 불안을 억누르기보다 솔직히 인정하고 표현하는 것이 도움이 된다. "요즘 너무 힘들고 불안하구나"라고 스스로에게 말해보자. 나 자신에게 편지를 써서 감정을 표현하고, "기운 내자. 좋은 일이 따를 거야"라는 긍정적인 말로 마무리한다. 때로는 눈물이 나지만, 감정을 인정하면 마음이 한결 편안해진다.

- [ ] 너무 힘들 때는 혼자 버티지 말고 배우자, 가족, 친구, 전문가에게 도움을 요청한다. 누구나 힘든 때가 있지만 주변의 지지와 도움으로 상당히 많은 문제가 해결된다. 그들도 사실 당신이 도움을 요청하기를 기다리고 있을지 모른다.

- [ ] 불안이나 우울한 마음이 오래 지속된다면 정신건강의학과 전문의 진료를 주저하지 말자. 정신 건강을 돌보는 일은 신체 건강을 지키는 일만큼 중요하다.

드라마는 병원보다 드라마틱하지 않다

열다섯 살 승원이는 목소리가 없는 소년이었다. 목 부분에 작은 구멍을 내는 기관절개술을 받았기 때문이다. 아이는 어릴 적 백혈병으로 항암 치료를 받다가 폐 기능이 점차 떨어져 인공호흡기의 도움을 필요로 했다. 폐와 인공호흡기를 제대로 연결하기 위해 어쩔 수 없이 기관절개술을 받아야만 했다. 이 구멍으로 작은 튜브를 넣고 인공호흡기와 연결하여 숨을 쉬는 것이다. 승원이는 인공호흡기와 연결된 호스를 잠깐씩 떼고 말을 할 수 있었지만, 목소리가 거의 나오지 않아 긴 대화를 나누기는 어려웠다. 기관절개관을 가지고 있으면 목소리를 낼 수 있는 공기의 흐름이 막히기 때문이다. 그래서 승원이 곁엔 항상 노란색 메모지와 볼펜이

놓여 있었다. 아침 회진을 맞아주는 승원이의 얼굴은 늘 밝고 차분했다.

"승원아, 굿모닝. 잘 잤어?"

"네, 괜찮아요."

목소리가 또렷하지 않아도 승원이의 짧은 대답을 이해하는 것은 그리 어렵지 않았다. 혹시나 내가 못 알아 들을까 봐, 아이는 억지로 입 모양을 더 크게 만들어주었다. 타고난 배려가 몸에 밴 신사였다. 승원이가 싫은 내색을 한 적이 있던가. 답답하지 않은지, 불편하지 않냐고 물어도 언제나 돌아오는 대답은 "괜찮아요"였다. 조금씩 가정용 호흡기와 인공 기도에 적응하면서 승원이 곁을 지키는 할머니의 통역 솜씨도 발전해갔다.

몇 주가 지나 가정용 인공호흡기를 가지고 집으로 돌아갈 수 있다는 소식에 밝은 미소로 화답하는 승원이의 얼굴이 훨씬 잘 생겨 보였다. 집으로 돌아가서 아이를 돌보기 위해 해야 하는 절차들을 교육하는 동안, 병실에 부모님은 보이지 않았다. 모든 준비와 교육은 할머니를 통해 이루어졌다. 요즘은 맞벌이 부부가 많아 이 상황이 그리 어색하지는 않았다. 그렇게 퇴원할 때까지 결국 아이의 부모님을 만나지 못했다.

한동안 회진 때마다 승원이가 오랜 시간 지키던 병실 한쪽 침대 자리가 허전해 자꾸 고개를 돌려 보았다. 그래도 다행히 2~3개월에 한 번씩 외래에서 승원이의 미소와 "괜찮아요" 소리를 들을 수 있었다. 엑스레이를 찍고, 인공호흡기를 점검하며 혈액가스 검사 결과를 확인하는 일이었다. 언제나 아이 곁은 할머니의 인자한 미소가 지키고 있었다. 몇 년 동안 내게 치료를 받으면서 아이는 웬만한 힘든 일에도 결코 내색하지 않았다. 나는 승원이에게 '괜찮아요맨'이라는 별명을 붙여주며, 아프지 않으면 배우가 되었을 거라고 농담처럼 말하기도 했다.

가을이면 승원이 할머니는 특별한 준비를 했다. 햇밤을 삶아와서 나와 간호사들에게 나눠주었다. 고향 공주에서 준비한 노란색 햇밤의 달콤한 향기로 평범한 외래 진료실이 따스하게 채워졌다. 할머니는 이 작은 선물을 준비하며 승원이의 회복을 간절히 기도했을 것이다.

하지만 할머니의 바람과 달리 승원이의 폐 기능은 조금씩 나빠져갔다. 한 달 두 달 시간이 지나면서 승원이는 호흡이 어려워지고, 산소 요구량이 증가했다. 병원에 다시 입원하는 일도 잦아졌다. 감기에 걸리면 금방 폐렴으로 진행되고 좀처럼 잘 이겨내지 못했다. 승원이의 노란색 메모지에는 '숨 쉬기 힘들어요. 가래가 많아졌어요. 호흡기 세팅을 높여주세요' 호소하는 문장이 늘어났다.

승원이의 미래는 어둡게만 보였다. 호흡이 점점 더 나빠질 일만 남았다. 나는 부모님과의 면담이 필요하다고 느꼈다. 폐 이식만이 승원이의 마지막 희망이었기 때문이다. 그날 병실 밖 복도에서 승원이 할머니는 내 손을 잡고 처음으로 눈물을 보였다.

"아빠를 만나려면 승원이와 할아버지 허락을 받아야 해요."

아이가 어릴 때 아내와 사별한 승원이 아빠는 아이를 부모님에게 맡기고 주말에만 고향을 찾았다. 할머니와 할아버지의 보살핌 속에서 자라던 승원이는 감기인 줄 알고 찾았던 병원에서 백혈병 진단을 받았다. 아이가 항암 치료로 한창 힘들던 시기에 아빠의 주말 방문은 점차 줄어들었다. 새 가정을 이룬 아빠 소식에 할아버지는 불같이 화를 내며 더 이상 아이를 만날 수 없다고 선언했다. 하지만 승원이를 폐 이식 대기자 명단에 올리기 위해서는 직계 보호자의 승낙이 필요했다. 할머니는 잠시 시간을 달라고 했고, 며칠이 지나 승원이와 할아버지의 허락을 받아 왔다. 아이의 절망적인 폐 상태를 설명하는 날, 나는 승원이 아빠를 처음으로 마주했다. 그는 그동안의 죄책감과 무력함을 이식 대기와 검사 동의로 대신했다.

이제 승원이가 입원해 있는 주말 동안 아빠의 모습을 볼 수 있었다. 퇴원하는 날 무거운 짐을 드는 일도 더 이상 할머니, 할아버지가 아니라 아빠의 몫이었다. 그는 다시 만난 아이에게 최선을 다했다. 승원이는 아빠한테 선물받은 야구 글러브를 자랑하며 이식을 받아 건강해지면 모바일 게임이 아니라 운동장에서 제대로 승부를 볼 거라고 웃기도 했다. 하지만 폐 이식에 적합한 공여자를 만나는 일은 그리 쉽지 않았다.

어느 가을날, 승원이를 공격한 호흡기 바이러스는 폐렴을 점차 악화시켰다. 인공호흡기의 세팅을 최고로 올려도 아이의 산소포

화도는 좀처럼 오르지 않았다. 승원이는 숨이 점점 더 가빠졌고, 혈액의 이산화탄소 농도가 상승해 두통과 구토로 괴로워했다. 마지막 순간, 아빠는 승원이의 손을 꼭 잡았다. 승원이는 아빠의 얼굴을 보며 미소를 지어주었다. 그 멋진 큰 눈으로 '괜찮다'고 말해주는 것 같았다. 승원이는 그렇게 우리 곁을 떠났다. 소년의 얼굴은 온화하고 평온해 보였다.

대형병원에 근무하는 소아청소년과 의사로서 가장 힘든 순간은 아이의 죽음을 직면할 때이다. 내가 그토록 사랑하는 환자가 하늘의 별이 되는 순간을 피할 수 없다. 어려운 환자를 큰 병원으로 이송할 수 있는 선택권이 내게는 거의 없다. 몇 년 동안 자식처럼 여기고 함께하며 웃고 울던 환자를 보내면, 말 그대로 무력해진다. 몇 달이 넘게 기운이 빠져 일도 손에 잡히지 않는다. 아이의 운명을 바꿀 만한, 그래서 가족 곁에 남겨둘 시점이 있었을 텐데, 죄책감에 괴롭다. 앞으로 만나는 비슷한 상황의 환자를 꼭 살려야 한다고 다짐하지만, 이미 떠난 아이는 다시 만날 수 없다.

한 번도 나를 힘들게 하지 않고, 짜증을 낸 적도, 찡그린 얼굴을 보여준 적도 없는 승원이. 그래서 더 미안하고 마음이 아픈 승원이. 가을이 오면, 갈색 밤을 볼 때면, 내게 언제나 '괜찮아요맨'이었던 승원이가 많이 그립다.

삶은 종종 드라마 속 세계보다 더 드라마틱하다. 때로는 병원에서 벌어지는 일들이 브라운관에서보다 더 마음 아프고 감동적이다. 효민이, 세민이 엄마는 나를 만난 날 가슴을 치며 울었다. 엄마의 얘기를 끊지 못해 외래 진료는 30분 이상이나 지연되었다.

쌍둥이 중 둘째인 세민이가 숨을 쉴 때마다 거친 소리가 심해지자 병원을 찾았다. 아이들은 이제 태어난 지 막 1개월, 엄마는 아직 산후조리가 끝나지 않아 푸석푸석한 모습이었다. 돌 전 아이들의 들숨에서 그렁거리는 소리는 종종 있는 일이다. 후두의 연골 조직이 연해서 기도의 둥근 모양을 잘 유지하지 못하기 때문이다. 하지만 세민이의 그렁그렁 소리는 일반적이지 않았다. 가슴이 움푹 들어가고 숨이 가빠 헐떡이느라 먹는 일도 쉽지 않았다. 몸무게도 다른 아이들만큼 잘 늘지 않았다.

나는 세민이에게 검사와 처치를 위한 입원이 필요하다고 설명했다. 쌍둥이 엄마는 큰아이 효민이의 식도 기형이 더 큰 걱정거리라고 말했다. 아픈 두 아이를 돌봐야 하는 엄마가 얼마나 힘들까, 안쓰러운 마음이 커졌다. 혹시 양가 부모님 중에 도움을 주실 분이 계신지 조심스레 물어보자 눈물을 쏟는다.

"선생님, 저는 미혼모의 집에서 지내고 있어요."

그제야 엄마의 앳된 얼굴이 눈에 들어왔다. 눈물샘이 터진 그녀를 달랠 방법이 없었다. 사회사업팀에 도움을 요청하고 미혼모 시설에도 연락을 해보자며 간신히 그녀를 설득해 입원장을 냈다.

병동에서 아기가 울고 보채는 날이면 엄마도 같이 울었다. 한 아이의 울음이 세 모녀의 울음으로 번졌다. 두 아이의 치료 과정은 지난했다. 효민이는 한 차례 식도 수술을 받고 재수술을 기다리며 입원 기간이 길어졌다. 세민이는 잦은 흡인과 심한 위식도역류가 발견되어 위에 관을 넣고 식도괄약근을 보강하는 수술을 받았다. 아이의 분유는 이제 입이 아니라 위루관을 통해 들어가야 해서 엄마는 식이 방법도 새로 익혔다. 회진 때 울고 있는 그를 보는 내 마음도 편치 않았다. 낯선 치료법을 듣고 익힐 때마다 두려워하는 표정이 역력했다.

"선생님, 이걸 제가 잘할 수 있을까요?"

"쌍둥이를 낳아 키울 만큼 씩씩한 엄마가 못하면, 누가 할 수 있겠어요?"

"그건 맞네요."

울다가 웃는 그의 모습이 귀엽게 느껴졌다. 그렇게 엄마는 밤낮없이 아이들을 돌보았다. 세민이는 언니보다 빨리 회복하여 퇴원하게 되었다. 한 달쯤 지나 심장혈관흉부외과에 입원했던 효민이의 퇴원 소식도 전해 들을 수 있었다.

그 후, 나는 외래에 두 아이를 함께 유모차에 태우고 온 쌍둥이 엄마를 만났다. 그날도 내 외래는 30분쯤 지연되었다는 안내 방송이 나왔을 것이다. 하지만 이번에는 자신의 처지를 속상해하는 엄마의 이야기가 아니라, 씩씩한 사람으로 거듭난 엄마의 이야기와 나의 칭찬이 길어져서였다.

"선생님, 저 병원 앞으로 이사 왔어요. 병원을 너무 자주 와야 하더라고요. 이제 아이들을 강하게 잘 키워야 할 것 같아서요. 지금은 지원금으로 아껴서 살다가 아이들 돌 지나고 어린이집 가면 돈도 열심히 벌 거예요. 제가 아니면 누가 키우겠어요?"

리그 오브 레전드 프로게이머의 인터뷰에서 유명해진 '중꺾마', 중요한 건 꺾이지 않는 마음이 쌍둥이 엄마에게서 보였다. 더 나아가 '중꺾그마', '중꺾포마'라는 표현도 있다. 중요한 건 꺾였는데도 그냥 하거나, 포기하지 않는 마음이라는 것이다. 누구보다 어두운 터널에서 육아의 길을 시작한 엄마와 딸들이 '중꺾그마'의 마음으로 잘 극복하면 좋겠다. 효민이와 세민이는 좋은 엄마를 만나서 누구보다 멋진 삶의 의미를 찾으며, 미래를 아름답게 만들어갈 것이다. 어린 시절의 어려움이 무색하게 잘 자란 드라마 속의 영웅들처럼 말이다.

드라마는 병원보다 드라마틱하지 않다. 그래도 내가 일하는 병원에서는 드라마틱한 일이 일어나지 않았으면 좋겠다. 일상적이고, 조용하고, 예상할 수 있는 일들만 가득하면 얼마나 좋을까? 하지만 피할 수 없다면 액션, 범죄, 스릴러 장르보다는 잔잔하고 감동적인 멜로, 가족 드라마나 시트콤 정도로 선택하고 싶다. 그마저도 피할 수 없다면 사랑하는 내 환자들이 조금만 고생스러운 시간을 겪고 나서, 언제 그랬냐는 듯 병을 이기고 해피엔딩을 맞았으면 좋겠다. 그래서 사랑하는 가족 곁에서 아팠던 시간의 몇 배만큼 더 많은 사랑을 받으며, 멋진 어른으로 성장하는 아름다운 결말을 꿈꾸고 싶다.

다시 아이를 가질 수 있을까요?

어느 날 아침, 회진 준비를 하던 전공의가 주저하며 말을 꺼낸다. 입원한 아이의 아빠가 인공호흡기 설정을 마음대로 조절하고, 약도 먹이지 않는다는 것이다. 면회 규정을 어기며 의료진과 끊임없이 갈등을 빚고, 매번 언성을 높여 병실의 다른 환자와 보호자들이 몹시 힘들어한다고 덧붙인다. 아이는 희귀 질환으로 호흡 상태가 나빠져 삶의 마지막을 준비하고 있었다. 아이와의 작별을 준비하는 부모를 대하는 일은 아무리 경험이 쌓여도 깊고 슬픈 숲을 헤매는 것 같다. 특히 부모가 '감정의 롤러코스터'를 타고 있다면 더욱 그렇다.

한 번도 들어보지 못한 진단명을 내 아이의 병으로 받아들이는 과정은 사람의 마음을 얻는 일보다 백만 배쯤 더 힘든 일이다. 부모의 스트레스가 극에 달하면 같은 목표로 아이를 지키는 다른 사람의 상황과 감정을 이해하기 어렵다. 그래서 때로는 감정을 제어하지 못하고 의료진에게 고함을 지르거나 주변 집기를 발로 차며 위협하는 일도 벌어진다. 임신한 직원에게 욕설을 퍼붓거나 진단서를 찢어 던지는 일도 있다.

분노 감정은 의료진에게만 향하는 것이 아니다. 부부 사이의 다툼과 의심이 깊어지며 아이의 마음에 상처를 주기도 한다. 삶의 불꽃이 점점 더 짧아져도 부모의 감정이 그 시야를 가려 아이를 제대로 살피지 못하게 된다. "제발 이제 그만 싸우라"는 아이의 간절한 외침도 들리지 않는 듯하다. 점점 더 소중해지는 시간을 아름답게 채색하지 못하는 가족을 볼 때, 나는 지호 엄마가 떠오른다.

입학하고 한 달 남짓, 지호에게 마른기침이 시작되었다. 기침 횟수가 점점 늘더니 한 달이나 약을 먹어도 차도가 없었다. 점차 자다가 깨고 숨도 가쁜 듯했다. 엄마는 천식이 걱정되어 아동병원을 찾았다가 큰 병원을 권유받았다. 가장 가까운 대학병원 응급실에서 찍은 지호의 폐 CT에는 심한 염증과 함께 여기저기 새어 나온 공기가 보였다. 산소를 올려주어도 손가락에 연결된 모니터의 산소 수치는 좀처럼 오르지 않았다. 지호는 기도 삽관을 한 채, 우리 병원의 중환자실로 급히 옮겨졌다. 숨을 쉴 때마다 공기가 피부

아래까지 새어 나와 아이의 얼굴과 목이 풍선처럼 부풀어 올랐다. 혈액과 소변, 호흡기 검사에서 어떤 이상도 발견되지 않았다. 입원 한 번 한 적 없던 아이였는데…. 가족은 왜 이런 일이 생겼는지 도저히 이해할 수 없었다.

지호 엄마는 며칠 동안 제대로 먹지도 못하고 망연자실해 있었다. 그러나 이내 억지로 조금씩 기운을 차렸다. 면회 시간이면 하루도 빠짐없이 필요한 물품을 챙겨 아이를 찾았다. 아이는 눈을 뜨지도, 움직이지도 않았지만, 엄마는 지호의 손을 잡고 장난감과 가족 사진을 보여주며, 친구들의 편지를 읽어주었다. 어느 날, 면회 시간이 지나도 기도를 하던 엄마의 모습이 보이지 않았다. 그날 밤, 나는 소아중환자실 앞 복도에서 지호 엄마와 아빠를 발견했다. 나는 엄마의 흐느끼는 소리를 듣고 다가갔다.

"지호 엄마, 무슨 일이에요?"

"수호도, 안 좋은 것 같아요."

연년생 형 수호도 기침을 조금씩 하더니 인근 대학병원 중환자실에 입원했다는 것이다. 나는 수척해진 그녀의 어깨를 안아주며 아무 말도 할 수 없었다.

형제의 중환자실 생활은 점점 길어졌다. 호흡이 나아졌다가도 다시 나빠지기를 반복했다. 며칠 동안 두 아이 모두 상태가 나아져 인공호흡기 압력을 줄이던 날, 엄마의 얼굴이 오랜만에 밝아졌다. 일반 병실로 올라가면 남편과 어떻게 일을 분담할지 앞선 걱정을 하더니 이내 표정을 추스렸다. 밤늦게 매일 병원을 찾던 남편의 안부를 묻자, 신도시에 당첨된 아파트 중도금을 마련하느라 요즘 정신이 없다고 말했다.

"두 아이 모두 잘 퇴원해서 새 아파트로 이사 가면 좋겠어요."

나는 이 바람이 현실이 되기를 진심으로 기도했다.

며칠이 지나 지호 엄마는 더 이상 병원을 찾지 않았다. 전화도 받지 않는 부부에게 무슨 문제가 생긴 건 아닌지 걱정이 되었다. 일주일 후, 그녀는 수호를 가슴에 묻고 지호 곁으로 돌아왔다. 병원 식구들은 조용히 울음을 삼키며 수호의 명복을 빌었다.

수년 전부터 봄만 되면 대학병원의 중환자실마다 수호, 지호와 같은 아이들이 넘쳐났다. '급성간질성폐렴', 정확한 원인은 알 수 없었다. 의사들은 장시간 이 기이한 유행병에 대해 논의하였고, 결국 대규모 역학조사를 통해 원인이 '가습기살균제'라는 것을 알게 되었다. 호흡기를 보호하려고 사용했던 가습기살균제가 여린 아이들과 임산부의 폐를 망가뜨린 것이다. 지호 엄마는 그 사실에 절망했고, 지호가 하늘의 별이 되었을 때 한 번 더 절망했다. 겨울이면 매일 가습기를 깨끗이 닦아 틀어주었던 아빠는 자책하며 가슴을 뜯었다.

몇 달이 지나 지호 엄마는 보험회사에 제출할 서류 업무로 내 외래를 찾았다. 다시 마주한 그녀는 나의 슬픔을 담담하게 위로했다.

"선생님, 걱정 마세요. 저 밥도 잘 먹고, 새 아파트로 이사도 했어요. 다음 주부터 출근도 할 거예요."

다행이다. 나는 아빠의 안부를 물으며 조심스레 얘기를 꺼냈다.

"지호 엄마, 환자가 떠날 때마다 제 마음이 점점 더 힘든 것 같아요. 그런데 큰일이 지나고 나면 다음 아이가 금방 임신되는 걸 많이 봤어요. 앞선 아이가 마치 다시 찾아오는 것처럼 말이에요."

"아… 선생님, 제가 얘기를 못 드렸네요. 연년생을 낳아 키우는 게 힘들어 보였던지 애들 아빠가 지호 낳고 바로 정관수술을 했더라고요."

미안해하는 내게 지호 엄마는 손사래를 치며 괜찮다고, 자기 팔자에 아무래도 아이가 없는 것 같다며 어색한 미소를 지었다. 그리고 감사의 인사를 담은 편지를 책상에 두고 그녀는 떠났다. 나는 지호와 같은 병을 더 이상 볼 수 없게 되었다. 가습기살균제 판매가 법으로 금지되었기 때문이다. 이 병의 원인이 유해 화학물질 때문이라는 쓰디쓴 증거이기도 했다. 아이들의 건강을 지키는 정책을 만들어 미리 대비하는 일이 얼마나 중요한지를, 어른들은 그렇게 아프고 비싼 값을 치르며 배웠다.

어김없이 바빴던 어느 봄날, 나는 외래 진료실에서 예약이 잘못된 다음 환자를 기다리고 있었다. 모니터의 '예방접종'이라는 예약 문구를 보고 의아한 표정으로 고개를 돌렸던 그때, 내 앞에 강보에 싸인 아기를 안은 보호자는 분명히 지호 엄마였다.

"선생님, 저 아기 낳았어요. 너무 조심스러워서 임신 기간 내내 집에만 있다가 첫 번째 접종은 꼭 선생님에게 하려고 여기까지 왔어요. 선생님 얘기가 맞았어요!"

가장 행복한 표정으로, 형제의 엄마가 내 앞에서 활짝 웃고 있었다. 부부는 정관수술을 한 지 오래되어 임신 가능성이 높지 않았지만, 마음을 내려놓고 복원 수술을 받았다고 했다. 그리고 얼마 지나지 않아 놀라운 임신 소식이 찾아왔다.

"그런데 선생님, 딸이에요! 아이들 이름을 따서 지수라고 지었어요."

그녀는 이제 떠난 형제를 조금은 편하게 떠올릴 수 있다며 진료실을 나섰다. 내게도 이제 지호, 수호 엄마 걱정은 덜 해도 된다고, 그만 마음 아파하라는 위로를 잊지 않았다. 착하고 씩씩한 지수 엄마에게 다시 행복이 깃든 것 같아 내 마음은 오랫동안 훈훈했다.

상명지통喪明之痛, 참척慘慽, 단장斷腸. 눈이 멀 정도의 슬픔, 참혹하고 슬픈 마음, 창자가 끊어지는 고통을 겪은 지수 엄마의 마음을 내가 감히 가늠할 수 있을까? 그럼에도 불구하고 자신의 일부였던 아이를 떠나보낸, 그래서 마음이 새까매진 보호자들이 오히려 나를 위로하는 순간이, 내가 그들을 다독이는 순간보다 훨씬 더 많다.

요즘은 단순히 질병을 치료하는 것이 목적이 아니라 삶의 질을 높이는 '완화의료', '호스피스' 서비스로 중증 질환이나 말기 질환을 가진 아이와 가족을 돕는다. 희망의 불빛이 사그라져가는 아이와 가족에게 꼭 필요한 의료 영역이다. 몸이 너무 아플 때, 그리고 나아질 기미가 보이지 않을 때, 마음을 살피고 사회적 문제까지 보듬어줄 누군가가 너무도 절실하게 필요하기 때문이다. 아이가 별이 되는 시간 동안, 가족과 함께 편안하고 존엄한 시간을 보내도록 도와주는 모든 이들에게 감사하다. 또한 건강보험으로 지원이 충분하지 않은 상황에서 이익을 나누어 완화의료 서비스를 지원하고 기부하는 기업에도 깊은 감사의 마음을 전한다.

물론 완화의료로 돕는다 하더라도 아이를 자신보다 먼저 떠나보내는 부모의 마음은 쉽게 치유되기 어렵다. 하지만 심리 상담, 사회적 지지, 예술 치료처럼 다양한 프로그램을 통해서 마음의 문을 열고 위로받는 가족을 많이 만나게 되어 다행이다.

"제게 매일 문자 메시지를 보내주는 사람이 생겨서 마음이 따뜻해졌어요. 이제 조금 살맛 나는 것 같아요."

난치병으로 휠체어 생활을 하며 마음의 문까지 꽁꽁 닫았던 중학생 환자가 매일 자신을 챙겨준 완화의료 담당 선생님과의 관계를 통해 사회적으로 성장하는 모습을 보기도 했다. 함께 사는 세상이라는 믿음을 주는 완화의료처럼, 아픈 아이들과 절망을 느끼는 보호자들에게 따뜻한 에너지를 전해주는 서비스와 소식들이 많아지면 좋겠다.

그냥 지나가는 일은 세상에 없는 것 같다. 한 아이가 떠나고 다른 아이가 금세 찾아오더라는 내 이야기는 사실이다. 시험관 시술로 힘들게 얻은 쌍둥이 남매를 잃고 자연임신을 했던, 그리고 한 계절이 채 지나지 않아 아기 소식을 전했던 가족도 있다. 세상에 나온 아기가, 눈물로 떠나보낸 그 아이 대신은 아니겠지만 부모들은 한결같이 이제 앞선 아이의 명복을 빌게 되었다고 말했다.

나를 의사로 만나고, 내 능력이 부족한 탓에 끝까지 지켜주지 못한 환자들에게 한없이 미안하다. 하지만 나는 절망하지 않고 내 자리를 지키려 한다. 일찍 떠난 아이들의 몫까지 담아서, 다음에 나를 찾는 환자들에게 사랑과 건강을 채워주기 위해서이다. 전쟁이 지나도 찾아오는 봄을 기억하며, 나는 아직도 이곳에서 아이들이 내어주는 꽃향기를 기다린다.

2

오늘도 진료실에서

과거의 나를 만나다

아프지 않고 ——— 크는 아이는 없다

발가락이 여섯 개입니다

나의 어릴 적 콤플렉스는 오른쪽 발이었다. 둘째 발가락이 두 개인 데다 뭉뚱그려져 '다지유합증'이라고 부르는 정말 못난이 발이다.

아기인 나를 혼자서 처음 목욕시키던 날, 엄마는 발가락의 기형을 알아채고 많이 울었다고 한다. 어린아이를 키우는 모든 부모들의 마음처럼 엄마도 두려움과 죄책감이 가득했을 것이다. 하지만 엄마는 걱정과 책임감만큼 가진 것이 많지 않았다. 작은 월세방에 눈치를 보고 살며 비싼 산부인과 병원 대신 조산원에서 나를 낳고, 그 비용조차 감당하기 어려웠던 엄마였다.

발가락의 뼈를 잘라내는 수술비는 젊은 부부에게 상당한 부담이었다. 엄마는 결혼반지를 팔기로 결심했다. 그 반지는 젊은 시절 아빠와의 사랑의 증표였지만, 전당포에 맡겨진 반지는 딸을 위한 더 큰 사랑의 상징이 되었다. 그렇게 내 발은 엄마의 희생으로 이전보다 좀 더 예뻐지고 다른 아이들의 발가락 크기에 가까워졌다.

그러나 안타깝게도 수술이 한 번에 잘 이루어지지 못해 여러 차례 수술을 받아야 했다. 작은 열 평 남짓한 공간에 다섯 식구가 모여 살면서, 엄마가 함께 보살펴야 했던 두 삼촌까지 왔다 갔다 하는 날이면 우리 집은 터져 나갈 것 같았다. 짜장면 한 그릇, 갈치 한 토막을 엄마와 세 딸이 나누어 먹으면서도 웃음이 끊이지 않던 행복한 우리 집이었지만, 수술을 앞두고 돈 걱정을 하던 엄마의 모습은 아직도 잊을 수가 없다.

엄마는 기회가 될 때마다 얘기했다.

"지현아, 너는 액땜을 이 발이랑 수술로 다 한 거야. 우리 딸한테는 좋은 일만 있을 거야. 두고 봐."

그럼에도 나는 어른이 될 때까지 내 발이 창피하고 싫어서 남들에게 보일까 신경을 썼다. 앞이 트인 슬리퍼나 샌들도 가능하면 피했다. 누군가 우연히 알게 되어 말이라도 꺼내면 부끄러워 얼굴이 빨개지고 말이 나오지 않았다.

하지만 못난이 발과 함께한 나의 어린 시절이 꼭 나쁜 것만은 아니었다. 오히려 못생긴 발과, 사랑으로 치료해주신 부모님 덕분에 내 꿈을 키울 수 있었다. 호기심이 아주 많았던 나는 진료실 뒤에서 벌어지는 일이 궁금해 미칠 것 같았다. 수술방에서 내가 마취가 되고 나면 어떤 일이 벌어질까, 의사들끼리는 무슨 얘기를 할까, 너무 알고 싶었다. 입원 병동에서 보이는 차트와 다양한 의료 물품들도 끝없이 호기심을 자극했다. 내 발 속은 실제 어떻게 생겼는지, 옆자리 다른 환자는 무슨 일로 입원했는지, 의사와 간호사들이 소통하는 외계어 같은 의학 용어는 도대체 무슨 뜻인지, 병원은 그야말로 호기심 천국이었다. 그렇게 나는 자연스레 병원에서 일하고 싶었고, 의사가 되고 싶다는 꿈을 키워 나갔다.

내 발이 만들어준 꿈과 목표는 나를 의과대학 입학으로 이끌었다. 의학의 세계로 발을 디딜 때마다 그동안 가지고 있던 궁금증이 하나씩 해결되어 즐거웠다. 소아청소년과 실습에서 만난 아이들과의 인연, 그리고 '소아청소년과 의사'라는 새로운 꿈도 어쩌면 내 발이 만들어준 것이다. 아픈데도 조금만 나아지면 예쁘게 웃고 밝은 기운을 뿜어내는 아이들. 이 작은 천사들이 가득한 병동, 그 자체가 좋았다.

아침 회진 시간, 이불 아래로 살포시 나온 꼬물꼬물 앙증맞은 발을 보면 진지한 상황에도 웃음이 났다. 작은 통통배 같은 보드라운 발을 만지고, 내 발가락과 달리 예쁘게 생긴 저 '발꼬락'을 입술에 대고 간지럽히고픈 충동을 참기 어려웠다. 동생이 많은 나는 원래부터 아이들을 좋아했지만, 소아청소년과 의사만큼 내 환자를 사랑하는 의사가 있을까 하는 생각이 들었다. 아이들이 내게 오줌을 싸고 토를 해도 '아파서 어쩌나?', '뭘 해줘야 하나?' 생각이 먼저 들었다.

너무도 당연히 다른 과는 돌아보지도 않고 내 마음이 이끄는 대로 소아청소년과에 지원했다. 남들이 지원하든 말든, 인기 따위는 신경 쓰지 않고 그저 내가 평생 사랑할 것 같은 아이들과 함께하는 길을 선택했다.

지금 내 발은 진료실에서 만나는 환자들에게 아주 훌륭한 소재가 되고 있다. 수술을 두려워하는 아이들에게 "선생님도 옛날에 수술을 여러 번 받았고, 전신마취도 많이 받았는데 지금은 아무렇지도 않아"라고 이야기하면 눈이 반짝하고 빛난다. "선생님도 아프고 힘들었는데, 그때부터 의사가 되려고 노력한 거야"라고 말하면 "저도 의사가 되고 싶어요"라며 따라 하기도 한다.

"선생님도 기형이 있었다면서요?"

먼저 물어보는 용감한 환자도 있다. 얼마 전 고된 치료를 앞두고 걱정이 많던 아이에게 가만히 나의 이야기를 해주었다.

"선생님 엄마는 수술비도 없었대. 반지를 팔아서 수술시켜 주셨는데, 선생님은 아팠던 게 하나도 기억이 안 나. 한 번 자고 났더니 다 끝나 있더라. 그리고 잘 끝나서 지금 엄청 씩씩한 의사가 됐잖아."

자기도 용기를 내보겠다고 한다. 치료를 받고 아이가 외래를 다시 방문한 날, 자기가 제일 존경하는 인물이 3명 있다며 손흥민, 이순신, 그리고 내 이름을 댄다. 부끄러워 빨개진 아이의 얼굴을 보며 나는 이날 누구보다 뿌듯하고 자랑스러웠다. 의사 김지현은 손흥민, 이순신과 어깨를 나란히 할 수 있다. 적어도 이 진료실에서는 그렇다. 아프고 못난 발이 나를 이순신과 같은 위인으로, 손흥민과 같은 영웅으로 만들어주었다.

내가 평생 따라갈 수 없는 위인들도 모두 어릴 때부터 순탄한 삶을 살지는 않았다. 헬렌 켈러, 넬슨 만델라, 스티븐 호킹, 모두 신체적 장애, 인종 차별 같은 역경을 발판 삼아 멋진 삶을 이루었다. 아마 모두 '회복탄력성'이 높았을 것이다. 그래서 그토록 모진 일을 겪고도 심하게 실망하지 않았을 것이다. 잠깐은 속상해도 오래 좌절하지 않고 회복했기 때문에 누구보다 멋지게 성장했다.

김주환 교수의 베스트셀러《회복탄력성》에서 소개된 하와이의 카우아이Kauai 섬 이야기는 '회복탄력성'의 대표적인 예이다. 지금은 '가든 아일랜드'라 불릴 정도로 울창한 밀림과 아름다운 해변으로 유명한 이 섬에는 과거에 가난한 실업자, 사회부적응자, 알코올 중독자들이 주로 살면서 온갖 사회 문제가 끊이지 않았다. 사람들은 교육 수준이 낮고 혼란스러운 이곳의 아이들에게 밝은 미래는 기대하기 어려울 것이라고 생각했다. 하지만 연구자들이 이 섬에서 태어나 자란 아이들을 오랜 기간 관찰한 결과, 놀라운 사실을 발견했다. 상당수 아이들이 훌륭한 직업인으로 성장하여 타의 모범이 되었기 때문이다.[5·6]

특히 밝은 성격, 높은 자존감, 우수한 성적, 좋은 인간관계를 바탕으로 멋진 삶을 누리는 이들의 곁에는 훌륭한 양육자가 있었다. 아이들의 보호자는 어려운 상황에서도 유쾌하고 긍정적인 태도를 보였고, 다른 이들보다 회복탄력성이 매우 높았다. 아픈 아이들을 키우면서도 우리가 부모로서 모범을 보이고, 자녀에게 회복탄력성을 길러주어야 하는 이유이다.

한 가지 예가 더 있다. 국악인 박애리 씨. 예술적 감각만큼이나 아름다운 미소와 긍정적인 화법 때문에 나는 그녀를 참 좋아한다. 최근 한 강연 프로그램에 소개된 일화를 듣고 그녀를 더욱 존경하게 되었다. 경제적으로 힘든 시기에 무리한 생활과 부실한 식사로 목소리가 제대로 나오지 않게 되었다는 것이다. 고음을 못 내고, 음색까지 거칠어져 더 이상 소리를 못 하게 될 지경에 이르렀을 때, 그녀는 좌절하지 않고 오히려 새로운 도전을 시도했다. 남자 같은 거친 목소리를 이용해 '심청전 창극'에서 심봉사 역을 맡아 최선을 다했고, 그 덕에 최연소로 국립창극단에서 공연을 할 수 있었다. 자신의 커리어에 가장 중요한 목소리를 잃을 위기에도 그녀는 이를 새로운 발판으로 삼아 더 멋진 날개를 달았다.

극단적인 시련을 기다릴 필요는 없지만, 우리는 아이와 가족에게 닥친 힘든 일과 어려움을 오히려 발전의 틀로 삼도록 노력해야 한다. 때로는 역경이 아이들의 숨은 능력을 수면 위로 끌어 올리는 힘이 되리라고 믿어야 한다. 거센 바람을 이겨낸 나무가 뿌리를 깊이 내려 튼튼하게 자라는 것처럼, 아이들도 긍정적으로 회복하여 내면의 힘을 키울 수 있도록 도와야 한다. 그리고 우리 스스로도 그렇게 살기 위해 노력해야 한다.

소은이는 '중추수면무호흡'이라는 드문 병을 안고 태어났다. 더구나 장운동이 제대로 되지 않아 태어나 며칠 만에 여러 차례 수술을 받았다. 아이는 잠이 들면 머리에서 전달되는 호흡 유지 신호가 사라져 위험한 순간을 여러 차례 넘겨야 했다. 깨어 있는 시간이 몇 시간에 불과한 신생아 시기, 잠이 들면 어김없이 혈액에 이산화탄소가 쌓이고 산소가 전달되지 않았기 때문이다. 소은이의 몸에 부착된 작은 센서에 연결된 모니터 기계는 아이의 무호흡을 시끄럽게 경고했다.

"이런 일이 제게 닥칠지 꿈에도 생각 못 했어요. 아이가 너무 안됐어요."

소은이 엄마는 생소한 병명을 듣고, 며칠을 울었다. 장 수술을 받고 나오던 날도, 기관절개술로 목에 구멍을 내고 나오던 날도, 그녀는 끼니를 거르고 내내 눈물만 흘렸다. 옆에 선 아빠는 빨개진 눈으로 말없이 엄마의 어깨를 감싸 다독여 주었다. 그들의 걱정 속에서 아기는 씩씩하게 하루하루를 이겨냈다. 수술로 목에 낸 구멍 덕에 인공 기도와 호흡기를 연결하여 잠이 들어도 아기에게 필요한 호흡수를 유지할 수 있었다. 아이의 호흡이 편안해지면서 엄마 아빠의 얼굴도 조금씩 편안해졌다.

신생아 중환자실에서 한 달을 넘게 인공호흡기에 잘 적응한 소은이와 엄마는 내가 근무하는 일반 병동으로 옮겨올 수 있었다. 가족이 아이의 기관절개관을 관리하고 인공호흡기를 잘 다룰 수 있도록 하는 것이 우리 팀의 목표였다. 아무 문제없이 가정에서도 아이를 돌볼 수 있도록 하는 과정이었다.

"선생님, 처음엔 미처 몰랐는데 제 아이 참 예쁘네요."

병동 회진에서 만난 소은이 엄마가 내게 말했다.

"엄마를 닮아서 씩씩하고 예쁜 거예요."

그녀 얼굴에 번진 미소는 어느 때보다도 사랑스러웠다. 병동에서 만난 소은이 엄마는 칭찬을 아낄 수 없을 정도로 씩씩하고 따뜻한 사람이었다. 소은이가 잠이 들면 같은 병실에서 자리를 비운 다른 보호자의 빈자리를 메꿔주곤 했다. 아이들이 침대에서 떨어지지 않도록 조용히 침대 난간을 올리고, 엄마를 찾는 아이를 달래며 동화책을 읽어주었다. 할아버지가 돌보는 아이의 머리도 예쁘게 땋아주고, 작은 목소리로 노래도 불러주었다. 그녀의 사랑이 소은이에게서 병실 전체로 부드럽게 퍼져나가는 것 같았다. 엄마는 인공호흡기 용어도 빠르게 익혔고, 신기한 이 기계가 소은이를 집에 데려갈 수 있게 해주어 고맙다고 말했다.

퇴원 후 외래에서 만난 소은이 가족은 따뜻함과 행복함 그 자체였다. 부모는 내가 못 보는 사이 하나씩 늘어난 재주를 자랑하면서도, 아이를 잘 돌봐준 병원 가족들에 대한 인사를 매번 잊지 않았다. 소은이의 손짓과 표정 하나하나에 반응하며 맑게 웃는 그들의 웃음소리는 진료실에 세이지 향처럼 오래 남아 종일 진료에 지쳐가는 나에게 에너지가 되었다. 아이는 크면서 몇 차례 폐렴을 앓고 기계 문제로 위기를 겪기도 했지만, 세 식구는 사랑으로 가정을 더욱 단단하게 연결했다.

엄마와 아빠의 사랑을 듬뿍 받으며 밝게 자란 소은이는 초등학교 입학을 앞두고 가장 건강한 날을 골라 입원했다. 몇 번을 망설였던 엄마가 씩씩하게 마음먹고 인공 기도 대신 얼굴에 부착하여 공기를 넣어주는 마스크로 바꿔보기로 결정했기 때문이다. 모두 이번이 마지막 입원이기를 바라는 마음이었다.

이비인후과에서 마지막 점검을 마치고 소은이의 목에 6년간 끼워두었던 튜브, 인공 기도를 드디어 제거할 수 있었다. 처음 목에 구멍을 내던 날 엄마는 많이 울었지만, 6년 만에 구멍을 닫는 날, 엄마는 소은이의 손을 꼭 잡고 환하게 웃었다. 아이는 병원에서 일주일 동안 마스크에 연결된 인공호흡기의 설정에 문제가 없는지, 밤사이 얼굴과 마스크 사이의 부착은 괜찮은지 점검하는 과정을 거쳤다.

병실에서 지내는 소은이 모습은 6년 전 엄마와 똑 닮아 있었다. 아침 회진에서 만난 소은이는 자기 옆 병상에서 또래 아이들과 인형 놀이를 하느라 바빴다. 동생들에게는 스티커를 나누어주면서 함께 놀아주기도 하고, 우는 아이에게 자기 태블릿을 내어주며 달랠 줄 아는 착한 언니였다. 요즘 아이들 말처럼 '핵인싸' 소은이는 병동에서 인기 만점 소녀였다.

인공 기도를 제거한 소은이의 목소리는 이전보다 크고 또렷해졌다. 거추장스러운 튜브가 없어지고 나니 목과 팔도 더 자연스럽게 움직일 수 있었다. 사고로 기관절개관이 빠질까 봐 걱정할 일도 없었다. 하지만 유일하게 마음에 걸리는 것은 목에 남은 흉터였다. 내가 자꾸 마음을 쓰는 것처럼 보였는지 소은이 엄마는 영광스러운 상처라며 오히려 나를 위로했다. 그렇게 소은이는 무사히 흉터를 안고 집으로 돌아갔다.

꽤 긴 시간 동안 만나지 못해 아쉬워하던 어느 날, 초등학교 2학년이 된 소은이와 가족은 인공호흡기 처방전을 받으러 진료실을 찾았다. 소은이는 운동회에서 달리기 1등을 했다며 자랑했다. 태어나서 한 번도 달리기 1등을 해본 적 없다는 나의 말에 "의사 선생님보다 잘하는 걸 찾았다"며 아이는 활짝 웃었다.

"소은아, 목에 남은 자국 때문에 친구들이 놀리거나 불편하진 않아?"

안쓰러운 마음에 조심스레 질문했다. 내 염려가 무색하게 소은이는 깔깔 웃으며 유전적으로 우월한 회복탄력성을 보여주었다.

"아니요. 선생님, 걱정 마세요. 저는 이 흉터가 얼마나 고맙다고요. 아이들이 저한테 관심을 많이 가지거든요. 서로 한 번만 보자고, 만져봐도 되냐고 하는 걸요. 저는 일부러 목을 더 내놓고 다녀요. 친구들이 이거 뭐냐고 말 걸어주는 게 좋아서요. 이번에 아깝게 선거에서 졌는데, 다음에는 꼭 회장 할 거예요."

역시 진료실에서 만나는 환자들에게 배우는 것이 참 많다. 절망적이고 힘든 상황에서도 긍정적인 기운을 잃지 않았던 가족, 그중에서도 최고봉은 이 꼬마 아가씨다. 흉터를 인연의 도구로 삼는 소은이 덕분에 가족은 힘들었던 과거를 사랑으로 이겨내고, 더 큰 의미를 담아 행복을 키우고 있다.

그 순간 신발 안에 숨겨진 내 발가락이 그것 보라며, 나를 톡톡 두드리는 것만 같았다. 소은이의 인공 기도처럼 내 발도 더 이상 콤플렉스가 아니다. 아이들을 다독이고 완치의 목표를 향해 앞으로 나아가는 내 발이 자랑스럽다. 소은이의 목에 난 영광스러운 흉터처럼 말이다. 이번 여름에는 온통 발가락이 드러나는 토 오픈 슈즈를 사 신고 외출을 준비해야 할 것 같다.

아이와 나를 위한 씩씩한 다짐

- 부모가 씩씩할 때 아이의 회복탄력성이 높아진다. 오래 좌절하지 않는 태도를 연습하자.

- 아이에게 나의 단점, 콤플렉스를 활용해 용기를 주는 것도 좋은 방법이다. 그 과정에서 자신 또한 서서히 치유받는 경험을 하게 될 것이다.

억수로
운 좋은 사람들

부모님은 항상 내가 운이 좋은 사람이 될 거라고 말했다. 7월 7일에 태어난 데다, 수술로 액땜까지 했으니 '행운아'라는 논리였다. 그래서 어린 나는 정말 그렇게 믿기도 했다. 열쇠를 잃어버려도 '10초 동안 눈 감고 주문을 외우면 내 앞에 나타날 거야'라며 여러 번 눈을 감고 기다린 적도 있었다.

아빠는 철없던 시절 첫사랑인 엄마와 결혼해 내가 생겼다는 이야기를 들었을 때 온 세상을 다 가진 것 같았다고 한다. 그렇게 태어난 나는 아빠의 온 세상이었다. 지갑 속에는 항상 내 사진이 들어 있었고, 월급이 밀려도 퇴근할 때면 제철 과일을 사다가 내 입에 넣어주고는 기뻐했다.

쉬는 날이면 아빠가 태워주는 자전거를 타고 은행에 가서 셈 대결을 하곤 했다. 은행 직원이 주판을 놓으며 "몇 원이요, 몇 원이요" 불러주면 내가 암산을 하는 식이었다. 내가 답한 숫자가 직원이 놓은 주판의 윗알, 아래알 수와 딱 맞았을 때 아빠의 표정은 '역시, 우리 딸'이라고 말하고 있었다. 아빠가 사준 50원짜리 크라운 산도를 입에 넣고 금의환향하는, 내가 탄 자전거 뒷자리는 비행기 일등석과 같았다. 아빠는 등에 가려 내 앞이 보이지 않을까 걱정했지만 나는 눈에 보이는 풍경보다 따뜻한 아빠의 냄새가 더 좋았다. 아빠 허리에 팔을 감고 등에 뺨을 묻고 있으면 모든 게 내 세상 같았다.

아빠의 자전거 뒷바퀴에 내 발이 끼어 피가 나던 날, 아빠의 표정을 잊을 수 없다. 발가락 수술을 다시 받고 "아파, 정말 너무 아파" 하며 마취에서 깨어났을 때 시야에 들어온, 물기 가득한 아빠의 눈이 아직도 선명하다. 고무줄을 무릎부터 머리까지 올려가며 함께 잡아주던 다정한 아빠, "전우의 시체를 넘고 넘어 앞으로, 앞으로…" 무슨 뜻인지도 몰랐던 고무줄놀이의 노래를 함께 불러주던 아빠의 젊은 목소리가 그립다. 아빠의 귀가가 늦을 때는 안주머니에 숨겨오는 노란색 선물, 오리온 캐러멜을 기다리느라 빨리 잠자리에 들지 않는다고 엄마한테 혼이 나기도 했다.

발가락 기형과 수술이 행운을 가져다주는 액땜이라면, 아빠는 평생 억수로 운이 좋아야 하는 사람이었다. 전기 기술자였던 아빠가 현장에서 감전을 당해 말 그대로 죽을 뻔했기 때문이다. 사고 소식을 들은 엄마가 부랴부랴 한강성심병원으로 달려갔을 때 아빠의 온몸은 전기화상으로 알아보기 힘든 정도였다.

"나, 살아 있어."

하얀 이를 드러내며 아빠가 말했을 때, 엄마는 웃을 수도 울 수도 없었다. 가난한 젊은 부부의 고생은 이때부터 더 무거워졌다. 돈도 돈이지만, 면회가 금지된 어린아이를 맡길 데가 없어 이만저만 고생이 아니었다. 더 이상의 이웃과 친척 찬스가 없어지자, 엄마는 병원에 눈물로 사정을 한 뒤 어린 내 손을 잡고 간병을 다녔다. 엄마는 지금도 뱀 껍질처럼 아빠 팔에 새겨진 흉터를 보며 사람이 왜 세상을 등지는지 알 것 같다며 그때를 회상한다.

하지만 아빠는 요즘도 눈만 뜨면 본인은 운 좋은 사람이라고 말한다. 암산만큼이나 기특한 일을 하는 딸내미와 살고 있고, 주말이면 고향 땅에서 농사를 지으며 추억을 회상하고, 손주도 넷이나 보았고, 딸 이상으로 기쁨을 주는 손자들을 키우며 매일이 행복하다고, 그래서 아빠는 억수로 운이 좋은 사람이라는 것이다.

몇 년 전 일요일 아침, 아빠는 죽을 고비를 한 번 더 넘겨야 했다. 주말 농장에서 벌에 쏘여 온몸이 퉁퉁 붓고 숨이 가빠져 구급차로 인근 병원 응급실에 옮겨진 것이다. 응급실에서 항히스타민제와 스테로이드 주사를 몇 차례 맞았지만 산소 포화도가 좀처럼 회복이 되지 않아 엄마는 다급한 목소리로 내게 전화를 걸었다. 혈압이 점점 떨어져 큰 병원으로 옮기는 게 좋겠다는 것이다. 내가 진료실에서 수도 없이 만나는 급성 전신 중증 알레르기 반응, 아나필락시스 때문이었다. 나는 알레르기 전문의라는 소개와 함께 응급실 당직 의사에게 '에피네프린' 근육 주사가 지금 당장 필요하다고 강조했다. 딸의 알레르기 전공 덕분에 살아난 아빠는 한 번 더 자신의 운수대통을 자랑할 수 있게 되었다.

나도 내가 운이 좋은 사람이라는 데 동의한다. 사랑 가득한 아빠와 씩씩한 엄마의 딸로 태어났기 때문이다. 경제적으로 풍요롭지 않은 집안의 장녀로 자라면서 위축되지 않았던 건, 모두 아빠와 엄마에게 받은 '너는 운 좋은 사람'이라는 마법 덕분이었다. 인문계 고등학교에 진학하는 나를 말려야 한다고, 딸자식 가르쳐 어디에 쓰냐는 주변의 비꼬는 말에도, 아빠와 엄마는 꿈쩍도 하지 않았다. 작은 집에서 돈 걱정이 끊이지 않았어도 아빠와 엄마의 일 순위 보물은 세 딸의 꿈이었기 때문이다. 그래서 늘 책이 부족한 내게 온 동네의 헌책을 구해주는 엄마였고, 그 책들을 읽으며 '좋은 의사가 되어야겠다'는 다짐을 놓지 않을 수 있었다.

내가 부모님에게 받은 선물은 좋은 집도, 돈다발도, 예쁜 옷가지와 가방도, 번쩍거리는 장신구도 아니다. 아낌없이 내주는 사랑, 내 꿈을 응원하고 축복하는 모습, 그리고 맡은 일에 끝까지 책임을 다하는 성실함이었다. 딸에 대한 마음과 삶을 대하는 자세, 그것이야말로 최고의 명품 선물이었다. 이 귀한 자산 덕분에 지금 나의 환자들에게도 많은 사랑을 줄 수 있고, 아무리 힘들어도 무너지지 않고 씩씩하게 진료할 수 있다.

진료실에서 아이에게 미안하다는 부모를 많이 만난다. '아프게 낳아서', '더 나은 곳으로 이사 가지 못해서', '많은 시간을 같이 보내지 못해서', '키가 작아서', '눈이 나빠서', '안 좋은 유전자를 물려주어서', '나 때문에 고생하는 것 같아서', '최고로 잘해주지 못해서', 미안한 이유가 백만 개쯤 되는 것 같다. 부모의 과도한 죄책감은 아이를 올바른 길로 이끌지 못한다. 부모는 아이 미래의 등불이다. 끝없는 죄책감을 가진 부모의 등불은 아이의 앞날을 밝게 비추어줄 수 없다. 그토록 사랑하는 내 아이가 부모 때문에 현실을 아름답게 보지도, 밝은 미래를 만들지도 못한다면 이보다 더 슬픈 일이 있을까?

더구나 자신 때문에 미안해하는 부모의 모습을 보면 아이 역시 미안함을 느끼게 된다. 부모 앞에 죄인으로 서는 아이의 자존감이 낮아지는 건 당연하다. 자존감은 힘든 일상과 상처받는 현실에서 나를 사랑하고 지키는 힘이다. 아이가 살면서 자신을 사랑하지 못하고 좌절하기를 바라는 부모는 아마 한 명도 없을 것이다.

아무 문제없이 편안한 유년 시절을 겪어야만 아이가 잘 크는 건 아니다. 건강하고, 외모도 멋있고, 부유하고, 공부도 잘하고, 모든 걸 다 갖추어야만 자존감이 형성되는 게 아니기 때문이다. 부족함 속에서도 새로운 목표를 세우고, 지금보다 나은 미래를 위해 당차게 나아갈 수 있다. 어려움 속에서도 주변에 용기를 주며 함께 힘을 낼 수 있다. 아이에게 하나도 불편하지 않고 부족하지 않은 환경을 만들어준다는 것은 현실적으로 불가능하다. 하지만 아쉽고 힘든 상황에서도 기운을 내고 긍정적인 마음을 가지도록, 힘을 키워주는 것은 얼마든지 가능하다. 내 아이가 '운이 좋은 아이'인 이유를 여기저기 찾아서 주문을 외울수록 그 주문은 현실이 된다.

나는 누구보다 아픈 시기를 겪고도 밝은 모습으로 힘든 시간을 이겨내는 아이들을 많이 만난다. 이 아이들과 부모는 대단하다는 나의 칭찬에 이렇게 답한다.

"선생님, 저는 아주 운이 좋았어요."

"저희 가족은 복이 많은 것 같아요."

나와 10년째 인연을 이어가고 있는 민수는 사촌들과 놀다가 집어 먹은 영양제가 목에 걸려 저산소성 뇌 손상이 생겼다. 사고 이후 부모는 긴 외출은 생각할 수 없었다. 친구들과의 긴 수다도, 부부만의 오붓한 여행도 불가능했다. 24시간 침대에 누워 지내는 아이의 배에 구멍을 낸 위루관으로 다섯 시간마다 식사를 넣어주고, 욕창이 생기지 않도록 두 시간마다 자세를 바꿔줘야 했기 때문이다. 무슨 일이 생겨 기계 알람이라도 울릴까, 부모는 밤낮없이 아이 곁을 지켜야 했다. 누구보다 힘든 게 뻔한 데도 민수 엄마는 매번 외래에서 도리어 나의 건강을 챙긴다.

"교수님, 요즘 소아청소년과 의사가 적다는데 너무 힘드신 건 아니에요? 아무리 바빠도 끼니를 거르시면 안 돼요."

어느새 우리는 가족처럼, 절친한 사이처럼 서로를 챙기며 안쓰러워하는 사이가 되었다. 그는 병원에 오면 내가 있다는 생각만으로도 의지가 된다며 자리를 지켜주어 고맙다는 인사를 잊지 않았다. 나 역시 먼저 본인의 건강을 잘 챙겨야 한다는 당부를 전했다.

"교수님, 저는 처음에 아이 상태를 받아들이기가 너무 어려웠어요. 모든 게 제 잘못 같아서요. 그런데 지금 보니까 제가 참 운이 좋은 사람이에요. 아이가 제 곁을 떠나지 않고 지켜준 것만으로도 감사해요. 민수가 사고 난 이후로 남편과 더 많이 의지하고, 매일매일이 귀하게 느껴져요. 그래서 제가 더 건강하려고 노력해요. 제가 무너지거나 아프면 민수가 먹지도 못하고 의지할 데도 없으니까요. 아이 덕에 젊게 살게 되었으니 제가 운이 좋은 사람이에요."

운이 좋은 사람을 많이 만나는 나는, 그래서 운이 좋은 사람이다. 이들을 만나고, 행운은 타고나는 것이 아니라 만들어가는 것임을 배웠다. 하는 일마다 다 잘될 수는 없다. '그럴 수도 있지' 하며 받아들이고, 새로운 계획을 세워 실천하면 충분하다.

불행과 역경을 극복하고 성장하면서, 좋은 운이 만들어진다고 믿는다. 힘든 일을 통해 새로운 배움을 얻고, 더 나은 행운의 씨앗을 심게 된다. 우리 아이들은 자신감을 바탕으로 도전할 수 있고, 잠시 힘들어도 잘 이겨낼 수 있다. 아이들을 사랑하고, 지금 최선을 다하고 있다면 부모로서 당당해도 좋다. 부족한 환경이라도 괜찮다. 당연한 일이다. 당연한 일에 죄책감을 갖는 대신 주문을 외우자.

"내 아이는 억수로 운이 좋은 아이야."

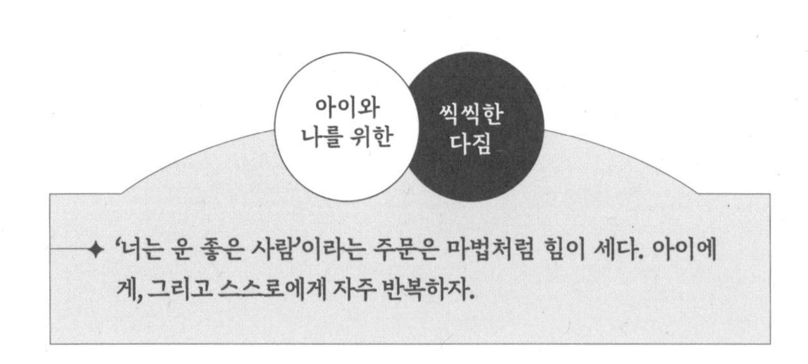

✦ '너는 운 좋은 사람'이라는 주문은 마법처럼 힘이 세다. 아이에게, 그리고 스스로에게 자주 반복하자.

엄마가 미안해하지 않을게

그토록 바라던 나의 첫아이. 하지만 아기는 쉽게 찾아오지 않았다. 우리 부부는 가장 바쁜 시기였던 전공의 1년 차와 2년 차를 끝내고 아이를 가지기로 결심했다. 설레며 기다리던 몇 달이 지나자, 실망감은 기다린 시간만큼이나 점점 커졌다. 1년이 넘어 기다림에 지친 우리는 결국 불임 클리닉을 예약하고 그날을 씁쓸하게 기다리고 있었다.

병원을 방문하기 바로 전날 밤, 아기는 임신 테스트기의 두 줄로 자신의 존재를 비밀스럽게 알렸다. 처음 두 줄을 확인한 순간, 남편에게 임신 소식을 알리며 세상을 다 가진 듯 행복했다. 우리는 앞으로 건강한 아이를 낳아 누구보다 행복하게 살자고, 다짐 또 다짐했다. 매달 아기 소식을 확인하지 못하고 조용히 눈물 흘리던 내게 이 작은 존재는 하늘의 축복이고 희망의 선물이었다. 세상은 더 밝아졌고 일상은 더 특별해졌다. 내 안에 새로운 생명이 자란다는 상상만으로도 마음속 깊이 따뜻한 기운이 번져오는 것 같았다.

초음파 속 꼼지락대던 아기의 모습과 처음 들었던 쿵쿵거리는 심장 소리는 아직도 생생하다. 초음파로 아기를 처음 마주하던 날, 힘든 '전공의' 시절 만났다는 의미를 담아 태명을 '공의'로 지었다. 태어날 모습을 상상하며 아침마다 아기와 교감하는 일은 중요한 의식이 되었다. 엄마 목소리를 들으리라 믿으며 "안녕, 공의야, 잘 잤니? 이제 같이 출근하자" 속삭였다. 사춘기 질풍노도의 시기가 찾아오면 보여주려는 생각으로 아기에게 꾸준히 편지도 썼다.

사랑하는 공의에게

오늘도 출근길을 너와 함께하며 아침이 이렇게 즐거웠나 하는 생각을 한단다. 매일 똑같던 아침 햇살이 이전보다 새롭고 설레는 것 같아. 배 속에 있어도 아침 공기가 차가울까 봐 엄마가 더 따뜻하게 입고 나왔는데, 우리 아가 불편하지는 않았니? 엄마 배에 느껴지는 태동을 보면 너도 엄마처럼 느끼고 있는 것 같아서 참 신기해. 보이지 않아도 너와 나를 이어주는 이 끈이 아주 귀하고 단단하게 느껴지는걸.

엄마는 네가 건강하게 세상에 나오기를 기도하며, 매일 열심히 일하고 있어. 힘든 순간에도 네가 있어서 엄마는 외롭지 않아. 오늘 당직이니까 함께 밤에 고생하더라도 씩씩하고 건강해야 해. 오늘 우리가 병원에서 만나는 모든 아이들이 건강하도록 엄마도 더 기운을 낼게.

사랑하는 우리 공의, 엄마와 아빠가 너를 얼마나 사랑하고 소중하게 생각하는지 알아주렴. 엄마랑 아빠는 하나도 지루하지 않으니까, 꼭꼭 날짜 다 채워서 건강하게 만나기를 바란다. 오늘도 엄마와 멋지고 행복한 하루를 만들어보자.

사랑한다, 아가야.

너를 많이 기다리는 엄마가

입덧이 심해도, 하루 종일 머리가 깨질 것처럼 아파도, 발이 붓고 밤마다 불편해도, 새로운 생명을 위한 작은 희생은 아무것도 아니었다. 내 몸속 아이의 존재를 느낄 수 있는 귀한 일일 뿐이었다. 적어도 이날 전까지는 그랬다.

임신 28주가 조금 넘었던 따뜻한 봄날, 나는 저녁 퇴근길에 응급실을 지나고 있었다. 그때 헐떡거리는 상태로 구급차에 실려 와 곧 심장이 멎은 아기를 마주하게 되었다. 내가 임신 중이라는 사실은 이때 전혀 중요하지 않았다. 그 자리에 소아청소년과 의사는 나 혼자였고, 아이의 맥박을 확인하며 즉각 침대 위로 올라가 심폐소

생술을 시작했다. 위급 상황을 알리는 방송으로 동료 의사들이 모였지만, 현장을 뒤로하고 돌아설 수 없었다. 중환자실까지 옮겨 두세 시간이 넘게 처치에 매달렸지만 결국 아기를 구할 수 없었다.

밤늦게 집으로 돌아오는 차 안에서 배 속의 아기는 불편하다는 신호를 보내왔다. 배가 뭉쳐오면서 점차 주기적인 통증으로 이어졌다. 아이를 잃을 수도 있겠다는 무서운 생각에 급히 병원을 찾았고, 그때부터 조산 진통으로 입원하게 되었다. 한 달이 넘도록 병원 생활이 길어지면서 생각지 못한 어려움이 시작되었다. 안정을 취해야 한다는 강박으로 침대에 억지로 누워 하루하루를 보내는 일은 쉽지 않았다. 자유롭게 움직이지 못하는 상황에서 내 상태를 확인하기 위해 매일 만나는 의사와 간호사들도 부담스러웠다. 창문 밖을 바라보며 때로는 나쁜 생각이 들었다. 감옥에 갇힌 듯한 병원 생활이 지겹게 느껴졌다. 입원 날짜가 하루 이틀씩 길어질수록 병원을 벗어나고 싶은 마음이 간절해졌다.

동료 의사들에게 일을 미루게 된 미안함 역시 나 자신을 몹시 괴롭혔다. 대체 인력이 마땅치 않은 병원 상황을 뻔히 알면서, 나로 인해 커졌을 업무 부담을 가늠하며 마음은 점점 더 무거워졌다. 걱정 말고 잘 쉬라는 동료들의 위로와 함께 조산방지제를 주사로 유지하며 버텼지만 아기는 예정보다 일찍 태어나고 말았다. 아기의 상태가 급작스럽게 나빠져 응급 제왕절개술을 해야 했기 때문이다.

마취에서 깨어나며 아기가 신생아 중환자실로 옮겨졌다는 소식을 들었다. 미숙아 합병증으로 제대로 숨을 쉬지 못하고 산소 수치가 떨어졌다는 것이다. 수술이 끝난 지 얼마 되지 않아 배가 찢어질 듯 아팠지만, 나는 억지로 일어나 휠체어에 몸을 실었다. 그리고 내 아이에게 직접 인공호흡기를 달았다. 그러나 병원의 상황이 여의치 않아 아기는 다른 병원으로 옮겨 치료를 받아야 했다. 내가 할 수 있는 일은 구급차로 옮겨지는 아기가 별일 없기를 기도하는 것뿐이었다. 아픈 아기를 다른 병원의 신생아 중환자실에 입원시키고 돌아온 남편이 참았던 눈물을 쏟아냈고, 나는 그의 우는 모습을 그날 처음으로 보았다.

매일 수많은 아픈 아이들과 부모들을 만났으면서도, 내 아이를 건강하게 낳아 키울 거란 당연한 예상은 어찌 보면 자만이었다. 일상에 대한 기대는 현실에서 처절하게 무너졌다. 의사로서 아픈 아이들과 부모를 만나던 내가, 어느 날 갑자기 그 무엇과도 바꿀 수 없는 부모의 마음을 갖게 된 것이다. 이해할 수 없던 예민한 부모의 마음이 온전히 공감이 되는 순간이었다. 젖몸살로 아프면서도 젖을 물릴 아기가 없는 현실은 너무 가혹했다. 아픈 아이의 보호자가 된 그때, 무너진 세상 속에서 나는 며칠을 먹지도 않고 내내 울기만 했다.

퇴원 후에도 아기는 10~20밀리리터, 그 적은 양의 분유를 먹는 것조차 쉽지 않았다. 숨이 가빠져 헐떡거리며 먹었다 쉬는 일이 반복되었다. 백일 무렵에는 아토피피부염까지 생겼다. 6개월경부터는 쌕쌕거리고 숨을 제대로 쉬지 못하더니 영아 천식 진단을 받아 대학병원에서 여러 차례 입원 치료를 받았다. 아이가 입원할 때마다 집안은 엉망이 되었고 신생아 중환자실에서 치료를 받던 일이 떠올라 더 나빠질까 두려웠다. 돌 무렵까지 흡입 스테로이드를 매일 사용하며 감기에 걸릴 때마다 또 입원이 필요한 것은 아닌지 마음을 졸여야 했다. 크루프로 제대로 숨을 쉬지 못해 구급차로 이송하며 기관절개술까지 고민해야 했던 일도 있었다.

우리 집에는 만약을 대비한 여러 약들이 항상 가득했다. 사실 나를 가장 많이 괴롭혔던 것은 뇌출혈이 있던 아이에게 장애가 남지 않을까 하는 불안감이었다. 의학 교과서에 2~3개월 이내에 나타난다는 '사회적 미소'가 아이에게서 보이지 않았다. 나는 아무도 모르게 집안 구석에서 매일 혼자 아이를 데리고 신경학적 검사를 하며 애를 태웠다.

내 잘못으로 아이가 고생한다는 생각에 한동안 죄책감을 안고 살았다. 아이를 아프게 낳았고, 이토록 아픈 아이를 집에 두고 출근해야 한다는 미안함이 초보 엄마인 나를 끊임없이 괴롭혔다. 매일 아침 집을 나서며 부모로서 역할을 다하지 못했다는 죄책감이 나를 짓눌렀다. '내가 조금만 더 조심했다면, 조금만 더 신경 썼다면, 아이가 이렇게 고생하지 않았을 텐데' 하는 생각이 머릿속을 떠나지 않았다. 나의 선택과 결정이 아이를 고통스럽게 했다는 생각에 하루하루가 힘겨웠다. 나는 좋은 엄마가 아니었다.

하지만 얼마 지나지 않아 육아의 중요한 본질을 잊고 있다는 사실을 깨달았다. 아이에게 필요한 것은 완벽한 엄마가 아니라, 안정적이고 일관된 사랑과 지지를 주는 엄마라는 것을 말이다.

나는 자라면서 노력으로 얻지 못할 것이 거의 없다고 굳게 믿었다. 밤새 열심히 공부한 덕분에 어느 정도 좋은 성적을 받았고, 가고 싶은 의과대학에도 진학할 수 있었다. 그토록 바라던 소아청소년과 의사가 되었고 스물여덟 살에 가장 마음이 닿는 남자와 결혼도 했다. 그래서 아이도 원하는 때에 낳고, 완벽한 엄마가 될 수 있다고, 세상에 노력해서 안 되는 일은 없다고 내 멋대로 믿고 나도 모르게 자만했다.

그러나 아이를 가지려는 순간부터 내 의지대로 되는 일은 거의 없었다. 서른 살이 넘기 전에 엄마가 되고 싶었지만 원하는 때에 아이가 생기지도 않았고, 기다림 끝에 태어난 아이는 생사를 헤맬 만큼 아팠다. 퇴원한 이후에도 건강하게 키우려는 나의 꿈은 산산조각 깨졌다. 아이는 다른 아이들처럼 앉고 걷지 못해 불안했고, 이후에도 산 너머 산, 다양한 어려움이 나를 기다리고 있었다. 누구보다 행복한 가정을 꾸릴 거라 마음먹었지만 육아가 힘들수록 남편과도 날 선 대화를 하는 날이 늘어갔다. 내 마음대로 되는 일이라곤 하나도 없었다.

그토록 기다리고 바라던 아이였지만 사실 이 시기 아이를 키우는 일은 전혀 행복하지 않았다. 매일이 힘들고, 지치고, 불안하고, 괴로웠다. 아이와 함께하는 시간마저 부담스럽게 느껴지는 때가 잦았다. 아기가 잘못 클까 두려워 하루 종일 인터넷 검색에 빠져 있기도 했다. 맘 카페에서 완벽해 보이는 다른 엄마들의 모습은 의사 엄마인 내게도 우상처럼 느껴졌다.

'지금은 숨도 잘 못 쉬고 발달도 불안하지만, 나중에는 저 집 아이처럼 잘 크겠지.'

온라인에서는 완벽해 보이는 그 아이가 실제로 어떻게 크고 있는지 모르면서 말이다. 부모의 목표가 크고 불안할수록 이성에서는 멀어지게 마련이다. 합리적이지 않은 정보에 혹할 수밖에 없다. 그토록 사랑하는 내 아이의 건강과 미래에 해가 되는 줄도 모르고 말이다. 내가 정신을 차리고 처음으로 한 것은 죄책감과 과도한 불안에서 벗어나려는 노력이었다. 엄마의 죄책감은 아이를 씩씩하고 독립적으로 키우는 데 방해가 된다는 걸 깨달았기 때문이다.

나는 완벽한 부모가 아니다. 이번 생에서 완벽해질 수도 없을 것이다. 단지 더 나은 부모로 거듭나려고 노력할 뿐이다. 현실을 받아들이고 죄책감을 벗어 던지면서, 오히려 나는 아이와 함께 조금씩 발전하려는 목표를 세울 수 있었다. 조금 실수하거나 실패해도 그다지 실망하지 않을 수 있었다.

아이는 그 존재만으로도 사랑받을 가치가 충분하다. 어두운 신생아 중환자실의 인큐베이터에서 인공호흡기에 연결되어 가쁘게 숨 쉬는 아이를 처음 보았을 때 내가 바랐던 것은 딱 하나, 살아 숨 쉬며 내 곁에 있는 것뿐이었다.

아이는 내 조각상이 아니다. 내가 원하는 대로 깎고 다듬을 수 없다. 내 바람대로 건강하게 태어나지 않을 수도 있고, 내가 가르친 만큼 익히지 못할 수도 있다. 좋은 병원에서 치료를 받아도 최고의 결과가 따르지 않을 수도 있다. 내가 낳았다고 해서 내가 가고 싶은 길을 대신 완주해야 하는 존재가 아니다. 내 소유, 내 아바타가 아니기 때문이다. 하지만 뜻대로 되지 않는 일이 많을수록 오히려 세상일에는 더 유연해질 수 있는 기회를 가지게 되는 것 같다. 내 마음대로 아이와 주변 환경을 통제할 수 없다는 사실을 깨달으면서 조금 더 마음을 내려놓고 키울 수 있게 되었다. 그런 마음이 오히려 나와 아이를 더 나은 길로 이끈다고 굳게 믿는다.

거친 세상에서 나 혼자 살아남는 일도 쉽지 않은데, 한 아이를 제대로 된 사회의 일원으로 키우는 일이 어찌 쉬울까? 먹이고 씻기는 일, 열나고 아플 때 마음 아파하며 애태우는 일, 같은 내용을 백 번 이상 가르치고도 실망하지 않는 일, 떼쓰고 반항해도 사랑하려고 노력하는 일, 부모가 되는 과정 중에 어느 하나 쉬운 일이 없다. 여러 가지 어려움과 기다림을 거치면서 마음이 다치고 아무는 과정이 반복된다. 그래도 이런 과정 중에 보람을 느끼고 행복을 찾으며 부모가 되어가는 것 같다. 그래서 육아는 꽃길이 아니다. 안타깝게도 나는 이 사실을 너무 늦게, 아이를 낳고 키우면서 알게 되었다.

하지만 괜찮다. 힘든 과정을 통해 아이와 나는 더 씩씩하고, 더 멋지게 성장하고 있다고 믿는다. 누에나방이 누에고치의 작은 구멍을 통해 고통스럽게 마찰을 겪으며 나오는 동안, 날아오를 힘을 얻게 되는 것처럼 말이다. 옆에서 쉽게 구멍을 넓혀주면 나방은 날지 못하고 땅에서 맴돌 뿐이다. 아이와 나는 꽃길이 아닌 돌밭을 지나며 많은 어려움을 겪어왔다. 하지만 누에나방이 뚫고 나온 고통스러운 구멍처럼, 이 길을 지나야만 더 아름답게 날아오를 수 있다. 과거에 많이 아팠고, 지금도 때때로 아픈 내 아이를 보면 여전히 마음이 불편하다. 하지만 더 이상 미안하지 않은 엄마로 살고 있다. 나와 내 아이를 위해서, 좁은 구멍을 통과해 비상할 아이의 미래를 위해서 말이다.

아이와 나를 위한 씩씩한 다짐

- ✦ 아이가 아플 때, 죄책감과 과도한 불안에서 벗어나려는 노력을 부단히 해야 한다. 죄책감과 불안은 아이를 독립적으로 키우는 데 방해가 될 뿐이다.

- ✦ 육아의 본질을 잊지 말자. 아이에게 필요한 것은 완벽한 부모가 아니라, 안정적이고 일관된 사랑과 지지를 주는 부모라는 것을.

둘째는
사랑입니다

시간이 지나면 임신과 출산의 고통을 잊는다고 한다. 나 역시 큰아이를 키우면서 건강한 아이를 낳고 싶다는 생각이 조금씩 싹트기 시작했다. 하지만 조산의 공포에서 벗어날 수 있을까? 두 아이 육아가 가능할까? 새로운 걱정이 마음 한편에서 계속 맴돌았다. 식구를 늘리는 결정에는 많은 고민과 두려움이 따른다. 당시 아직 전임 교원으로 발령을 받지 못한 계약직 의사였기에 경제적으로 안정되지도 않았다. 불규칙한 근무로 큰아이 역시 친정에 맡겨져 있는 상태였다. 두 아이를 함께 키우는 일이 얼마나 어려울지 가늠조차 되지 않았다.

이런 마음을 확신으로 이끈 것은 아무리 노력해도 조금씩 새어 나오는 큰아이에 대한 욕심 때문이었다. 병원에서 적은 약 용량에도 세심하게 신경 쓰며 일하는 탓인지 점점 더 예민해지는 나를 발견했다. 처음에는 그저 아이를 더 건강하게 키우고 싶은 마음이었지만, 발달이 느리고 자주 아픈 아이에게 집착하는 마음이 커져갔다. 말도 늦고, 제대로 걷지도 못하고, 다른 아이들과 어울리지 못하고, 손이 야무지지 않은 아이를 보면 화가 나기도 했다. 결국 이러다가 아이와의 관계까지 나빠지겠다는 생각이 둘째 임신 결심으로 이어졌다.

혼자서 창밖의 흰색 자동차를 손가락질하며 "엄마 차~"를 외치는 큰아이의 모습은 우리 가족에게 변화가 필요하다는 신호이기도 했다. 그토록 오래 기다렸던 첫째 아이 임신과 달리 둘째 아이 소식은 생각보다 빨랐다.

하지만 모든 임신과 출산에 쉬운 법이란 없다. 임신 3개월쯤, 피부 발진으로 외래를 찾은 백일 무렵의 한 아이를 만났다. 아토피피부염이 걱정되어 방문한 아이의 증상은 일반적이지 않았다. 작고 마른 피부에는 군데군데 적갈색 발진이 보였고, 껍질이 벗겨져 수포까지 동반되었다. 미열과 코 증상도 심상치 않았다. 입원하여 검사를 하고 어떤 치료가 필요한지 정하기로 했다.

입원한 아기의 혈액검사와 정맥주사 연결은 전공의 1년 차 담당이었는데, 3개월 영아의 혈관 찾기가 영 쉽지 않아 보였다. 하필 학회 기간이라 가장 젊은 전문의인 나와 전공의 1년 차만 병원을 지키고 있었다. 고생하는 전공의와 아기가 안쓰러워 검사실에 들어간 나는 한 번에 혈관을 찾았다. 뿌듯한 마음도 잠시, 손가락 끝이 따끔했다. 주삿바늘에 찔린 것이다.

찝찝했던 마음은 오후 늦게 환자의 매독 선별검사에서 양성이 나오며 무너져 내렸다. 환자의 진단명은 '선천성 매독'이었다. 나는 졸지에 매독 환자의 혈액에 노출된 임산부가 되었다. 감염내과 진료를 받고 그 아프다는 페니실린 주사를 맞고도 완전히 안심이 되지 않았다. 하지만 내가 할 수 있는 일은 정기적으로 혈액검사를 받으며 드문 확률에 걸려들지 않기를 바랄 뿐이었다.

임신 기간 중 걱정거리는 또 있었다. 초기 스크리닝 검사에서 다운증후군, 에드워드증후군, 묘성증후군 같은 염색체 이상 가능성이 높게 나온 것이다. 산부인과 교수님은 내게 융모막 검사를 권했다. 초음파를 보면서 긴 주사와 같은 채취관을 배에 찔러 태반 조직을 얻는 검사이다. 침대에 누워 관이 들어가는 동안 느껴졌던 압력과 시술 후 뻐근했던 복통이 가라앉기를 기다리며 마음이 복잡했다.

'조산만 문제가 아니었어. 이러려고 아기를 가진 건가?'

끝도 없는 생각이 나를 괴롭혔다. 정상이라는 결과를 받고도 마음이 완전히 놓이지 않았다.

당시 병원에서 우리 팀은 한창 유산균 연구를 진행 중이었다. 배 속 둘째 아이의 별명마저 '유산균둥이'가 되었다. 밤샘 작업으로 '유산균이 아토피피부염에 미치는 영향'에 대한 연구 계획서를 완성하다가 조산 위기를 맞기도 했지만, 아이는 여러 우여곡절 끝에 날짜를 다 채우고 나와주었다.

연구를 위해 만나야 하는 환자의 외래 스케줄을 미룰 수가 없어 아기를 낳고 열흘 만에 출근했다. 출산 후 많은 엄마들이 놀라는 일인데 아기를 낳아도 몸무게도, 불렀던 배도 금세 원래대로 돌아오지 않는다. 맞는 옷이 없어 임부복을 입고 출근하여 외래 진료를 봐야 했다.

"선생님, 예정일이 꽤 지난 것 같은데 왜 아직 출산 전인가요?"

의아해하는 병원 직원들에게 불편한 진실을 털어놓고 한참을 웃기도 했다. 만족할 만한 연구 결과로 좋은 논문이 완성되고, 아토피피부염 환자들에게 도움이 되는 제품으로도 개발되어 뿌듯한 결말로 마무리되기는 했지만 바깥일 하는 엄마의 임신과 출산은 쉽지 않은 여정이었다.

그렇게 네 가족이 알콩달콩 함께 모여 사는 행복한 가족의 모습을 잠깐쯤 갖추었던 것 같다. 하지만 예정보다 일찍 출산하지 않아도 둘째는 첫째보다 감염성 질환에 취약하다.[7] 병원에서 만나는 환자들 중에도 선천적으로 기관지와 폐에 문제가 있는 경우, 나는 몇째 아이인지부터 확인한다. 형제, 자매가 있는 아이는 그만큼 호흡기 감염을 옮겨 받을 확률이 높기 때문이다. 나이 많은 형제가 어린이집에서 감기라도 걸려 콜록거리면 어느새 호흡기 바이러스는 가족 전체에 퍼지고 작은 아이는 가장 취약한 상태가 된다. 우리 집도 예외가 아니었다. 큰아이가 세 돌이 지나 어린이집에 다니기 시작하면서, 둘째 아이는 자동으로 수족구병, 감기, 크루프, 기관지염, 중이염까지 달고 사는 신세가 되었다.

큰아이만큼은 아니었지만, 아이가 아프면 그야말로 온 가족이 비상이었다. 아픈 아이는 친정 부모님이 봐주신다고 해도, 내가 없는 공간에서 더 아프면 어떡하나, 안 좋은 증상을 놓치는 건 아닌가 걱정이 이만저만이 아니다. 아이를 데리고 병원에 가거나 입원이라도 해야 하는 상황이면 죄인이 된다. 갑자기 나의 일정을 바꾸는 것도 연차를 내는 것도 도무지 쉽지 않다. 아이가 아파 내야 하는 시간은 왠지 남편의 몫이 아니라 내가 감당해야 할 일인 것처럼 느껴진다. 저녁에라도 빨리 집에 가서 아이를 돌봐야 할 것 같은데 기한이 임박한 업무는 어쩌나 걱정부터 앞선다.

'이래서 부모 되는 일이 힘들구나. 이러니까 다들 아이를 안 낳는다고 하지.'

세상이 원망스럽기도 하다. 고심 끝에 내가 결정하고, 내가 낳은 아이인데도 말이다.

둘째 아이를 낳고 키우면서 적어도 육아에서는 '1 더하기 1이 2'가 아니라는 현실을 알게 되었다. 한 아이에 다른 한 아이가 더해진 것뿐인데 몸과 마음의 부담은 세 배, 아니 네 배는 더 되는 것 같았다. 신경 써야 할 일도 많아졌고, 아이를 봐주는 부모님이 힘드

실까 눈치도 더 봐야 했다. 사랑과 관심을 뺏겨 '동생 성장통'을 앓는 큰아이도 더 세심하게 챙겨야 하고, 당연히 돈도 더 많이 들어갔다.

하지만 적어도 큰아이를 이전보다 대충 키울 수 있게 되었다. 내 에너지는 한정되어 있고 둘째 아이와 다른 일들에 분산될 수밖에 없기 때문이다. 시간도 부족하고 너무 지쳐서 완벽한 엄마가 되기란 도저히 불가능했다.

이 모든 걸 내가 미리 알았더라도 아이를 둘이나 낳았을까? 타임머신을 타고 다시 돌아가 고민한다면, 그래도 나는 둘째 아이를 낳았을 것이다. 둘째 아이를 키우면서 나는 다시 태어났다. 그 작은 존재가 웃어주면, 온 세상이 환해졌다. 오물오물 먹는 모습도 사랑스럽고, 옹알이도 귀엽고, 울어도 예쁘고, 응가를 해도 기특했다. 아이를 보는 마음은 간질간질, 연애 감정이 깨어나는 듯했다.

내 안의 긍정적인 감정이 살아나면서 놀랍게도 큰아이의 예쁜 모습이 더 눈에 들어왔다. 큰아이의 발달 과정을 숙제나 프로젝트처럼 받아들이던 부담에서 벗어나 마음을 내려놓고 볼 수 있게 되었다. 말문이 늦게 터진 큰아이가 '장난로', '나루고', '마지우' 아무렇게나 하는 끝말잇기도 귀엽고, 내게 살며시 그려 내어준 왕 다이아몬드 반지도 진짜처럼 감동적이었다. 유치원에서 지진 훈련을 받고 온 날에는 "지진이 나면 동생은 책상 밑에 숨겨두고 도망가

자"며 어른들의 사랑을 욕심내는 아이가 신기했다. 그래도 버리고 떠나기 신경 쓰였는지, "날이 풀리면, 꽃이 피면, 장마가 지나면…" 동생을 버리는 날짜가 조금씩 미뤄졌다. 어느 날부터는 동생을 제법 챙기며 눈을 맞추고, 블록을 보여주며 친절하게 설명하고, 동생이 다칠까 봐 위험한 물건을 미리 치우며 의젓한 형으로 거듭나기 시작했다. 조금씩 남들과 어울리기 시작하는 아이가 자랑스럽고 대견했다.

둘째 아이가 두 돌이 지나면서 육아는 한결 부담이 적어졌다. 아이가 어릴 때는 모르지만 시간이 지나면 저절로 좋아지는 일이었다. 먹이고 입히고 씻기는 일도 수월해졌고, 감기에 걸려도 이전보다 쉽게 이겨냈다. 어른의 말을 알아듣고, 제법 심부름도 하며 귀여운 대화도 가능해졌다. '두 돌까지 누가 키워주고 아프지만 않아도 다섯은 낳겠다'는 생각이 들었다.

둘째 아이가 성장함에 따라 생겨나는 기발한 생각과 말 한마디는 우리 가족 안에 웃음 바이러스로 퍼져 나갔다.

"A B C D E F G H I J K L M N O 6 7 8 9 10!"

알파벳을 외우다 숫자로 끝나 어리둥절하던 모습은 생각만 해도 웃음이 난다. 영어를 너무 좋아해서 외국인 선생님이 있는 유치원을 갈까 물어보니 "저야 좋지만, 선생님은 10시간 넘게 걸리는데 괜찮을까요?" 한다.

할아버지와 할머니의 결혼기념일에는 두 손 모아 "결혼기념일

축하해요. 얼른 똑똑한 아기 낳으세요"라며 모두의 숨이 넘어갈 만한 축하 멘트를 날리기도 했다. 하는 짓이 너무 귀여워 "이렇게 예쁜 우리 아들, 어디서 나왔어?" 하니 "아빠 정자와 엄마 난자로 만들어진 수정란에서요"라고 아무렇지도 않게 대답한다.

큰아이에게 집착하여 육아 부담이 더 심했던 그때, 둘째 결심을 하지 않았다면 아직도 가족의 웃음 찾기가 어려웠을지 모른다. 아직도 큰아이의 진짜 예쁜 모습을 보지 못하고 이건 왜 못하나, 저건 언제 하나, 왜 다른 아이와 다른가, 전전긍긍하고 있었을 것 같다. 둘째 아이의 출산과 육아는 스스로 행복을 찾지 못하는 내 안의 문제를 발견하는 계기가 되었다.

요즘 내게 후배 엄마들이 옛날의 나처럼 둘째를 낳을 때의 경험과 어려움에 대해 질문한다. 아직 안정되지 못한 경제적 상황과 힘든 육아 현실에서 쉽게 마음을 먹지 못하겠다는 것이다. 해야 할 일도 많고, 이루어야 할 목표도 남았는데 임신 결정이 쉽지 않다면서, 그래도 둘째를 낳아 키우는 일이 어떤지 궁금해한다.

"둘째는 그냥 사랑이에요."

자신 있게 권할 수 있다. 하지만, 큰아이가 절대 오해하지 않기를 바란다. 첫째야, 너도 내게 아주 큰 사랑이란다. 엄마 아들로 와주어서 너무너무 고마워!

저도 애 낳아서 키워봤어요

아이의 달걀 알레르기로 고생하던 한 보호자가 진료실에서 나를 만나 울먹인다. 아이는 지난주 동생이 남긴 빵 조각을 먹다가 심한 알레르기 증상이 생겼다. 얼굴이 퉁퉁 붓고 기침이 심해지고 나서야 빵에 포함된 달걀 성분 표시를 확인할 수 있었다. 아이를 데리고 부랴부랴 찾은 응급실에서 만난 젊은 의료진의 말에 속이 퍽 상했다고 했다.

"아이가 알레르기인 걸 알면서 음식을 그렇게 간수하면 어떻게 해요?"

보호자는 내가 함께 그 힘든 마음을 읽어줬으면 하는 바람이다. 하지만 속상한 마음은 쉽사리 풀리지 않는 것 같다. 의료진의 말에 죄책감이 자극된 그는 이렇게 말했다.

"제가 속으로 말했어요. 당신도 애 낳아서 키워 봐요."

힘든 전공의 1년 차 시절, 나도 비슷한 얘기를 들었던 기억이 난다. 주 100시간이 넘는 엄청난 노동 강도만큼이나 예민한 보호자를 대하는 어려움이 나를 괴롭혔다. 아이의 기침이 언제부터 시작되었는지, 통증이 얼마나 심한지, 이전 병원에서 받은 약은 어떻게 먹였는지, 파악하려는 내게 간혹 돌아오는 대답은 "선생님, 결혼했어요?"였다.

부모 입장에서는 아이가 이토록 오래 기침을 하고, 이렇게 아픈데, 왜 아직까지 병원에 안 데려왔는지, 약은 왜 제대로 먹이지 않았는지 타박하는 것처럼 들렸을 수 있다. 이런 걸 아무렇지도 않은 표정으로 묻는 이 젊은 의사는 분명히 결혼도 안 하고 아이도 없으리라는 짐작이었을 것이다. 이 시절 실제로 결혼도 안 했던 나의 대답은 한결같았다.

"저 결혼했어요. 아이도 둘이나 있는데요."

전공의 수련이 끝날 즈음, 진짜 첫아이를 임신했을 때 입원을 자주 했던 아이들의 보호자는 남산만 해진 내 배를 보고 깜짝 놀랐다.

"선생님, 또 임신한 거예요? 어머나, 레지던트를 하면서… 그렇게 바쁘다는데, 부부 사이가 진짜 좋은가 봐요."

차마 이전의 거짓말을 고백하지 못하고 나는 졸지에 아이가 셋인, 애국까지 하는 전공의가 되고 말았다.

병원에서 아이를 돌보는 일이 직업이라고 해서 내가 쉽게 엄마가 될 수 있었던 것은 아니다. 나 역시 특별히 엄마가 되는 준비 과정을 거치거나 교육받은 적이 없다. 30년 넘게 "김지현입니다"로 나를 소개하며 살아오다가, 어느 날 갑자기 "OO 엄마시죠?"라는 말을 들은 후부터 자연스럽게 '누구의 엄마'라는 역할이 시작된 것이다. 그날의 묘한 느낌은 점차 막중한 책임감으로 변해갔다.

'아이를 낳아서 키워보면 알게 된다'는 말이 항상 맞는 말은 아니지만, 실제로 아이를 낳고 나서야 깨닫게 된 것들이 많다. 나도 출산 전에는 한여름에 두꺼운 모자를 쓴 아이나 추운 겨울에 얇은 신데렐라 드레스를 입은 아이가 의아했다. '아이에게 신경을 쓰지 않는 건가?' 싶어 부모의 얼굴을 한 번 더 쳐다보기도 했다. 하지만 두 아이를 키우고 나니 그 누구도 말릴 수 없는 아이들만의 황소고집을 이해하게 되었다. 우리 집 큰아이의 분홍색 애착 인형은 거의 회색 실오라기 몇 가닥으로 변할 때까지 '핑크 인형'이라는 이름으로 우리 가족과 동고동락했다.

그래서 요즘은 액체 괴물이나 반짝이 풍선이 아이의 아토피를 자극한다고 속상해하는 부모를 만나도, 아이 편에서 설득부터 한다. 아이를 뜯어말리기보다 놀고 나서 바로 피부 관리에 전념하라는 식이다. 아이의 장난감이나 취미를 완전히 제한하는 것이 불가능하다는 현실을 받아들였다. 식품첨가물 때문에 피부 증상이 나빠져도 완전히 차단하기 위해 아이와 싸우기보다는 가급적 빈도를 줄이는 편이 낫다.

육아 전문가나 의학자도 미처 알지 못하는 현실적인 고민이 세상에 얼마나 많은가. 내가 내놓는 해결책은 실제 아이를 키운 경험에서 나오는 경우가 많다.

"우와, 너 몇 학년이니? 아, 1학년이구나! 어쩐지 그래서 이렇게 씩씩하구나. 그럼 이 검사는 조금 따끔하지만 참을 수 있겠네."

아이 엄마가 되고 나서 초등학교 입학의 엄청난 의미를 알게 되었다. 중이염을 자주 앓던 둘째 아이가 전신마취 없이 외래 진료실에서 씩씩하게 환기관 삽입 시술을 받은 모습을 보았기 때문이다. 여섯 살까지는 펑펑 울고 참지 못하는 피부 반응 검사, 폐 기능 검사, 피하면역요법 모두 입학을 앞둔 시기부터는 자신감으로 극복 가능했다. 나의 두 아들은 내게 가장 훌륭한 선생님이다.

이른둥이로 태어난 큰아이가 호흡기 문제로 입원을 반복하고 아토피까지 생겨 붉어진 피부를 보며 '내가 곁에서 아이들을 위해 시간을 많이 내어주지는 못하지만, 병이라도 제대로 해결할 수 있는 전공을 선택하자'는 결심으로 이어졌다. 그래서 소아청소년과 중에서도 알레르기호흡기 분야의 세부 전문의가 되었다.

내 아이 때문에 선택한 전공 분야의 의미가 이제는 내 환자와 보호자를 대하며 더 가치 있게 빛나고 있다. 가족보다 깊은 인연이 하나씩 늘어가면서 말이다. 우현이도 내게 그런 소중한 인연이다.

아이는 몸의 면역 시스템이 외부의 미생물 공격을 막지 못해 심한 감염이 반복되는 면역 결핍증으로 진단받았다. 어릴 적 심한 폐렴으로 중환자실 치료를 받으며 우현이의 폐는 엉망진창 완전히 망가져버렸다. 심각한 염증의 후유증으로 굳어버린 폐 때문에 기관절개술과 인공호흡기를 달고 지내며 우리 호흡기 팀과도 인연을 이어갔다.

혼자서 두 아이를 키우며 누구보다 씩씩했던 우현이 엄마였지만 우현이에게 사춘기가 찾아오면서 복도 구석이나 병실 커튼 뒤에서 혼자 눈물을 닦는 모습을 여러 번 내게 들키기도 했다. 조용히 안아주는 것 외에 해줄 일이 없을 때, 나는 늘 미안한 마음이었다.

우현이는 폐 이식이 필요했지만 전체적인 몸 상태가 이식을 견디기 어려워 이마저도 포기할 수밖에 없었다. 다른 때보다 더 죄송한 마음으로 설명하는 내게 우현이 엄마는 오히려 미안하고 고맙다는 말로 나를 위로했다. 기운을 내야 한다는 나의 얘기에도 대부분 괜찮다는 그였지만, "그런데 오늘은 정말 힘들어요"라는 말로 간혹 내 마음을 저리게 했다.

잊을 수 없는 우현이 엄마와의 기억이 하나 있다. 밀리는 환자로 외래 진료가 한 시간 이상 지연되던 날이었다.

"선생님, 오늘 너무 힘드시죠? 오늘은 저 손 한 번만 잡아주세요. 우현이가 별로 달라진 게 없어서 선생님 얼굴 보고 손만 잡아보고 갈게요. 그러면 다음에 올 때까지 힘을 낼 수 있어요."

그렇게 애처로운 눈빛으로 내 손을 잡으며 눈만 맞추고는 그대로 청주 집으로 내려갔다. 짧은 순간이었지만 우현이 엄마와 눈빛만으로 깊은 감정을 나눌 수 있었다. 젊은 시절에 만나 병을 진단하고 아픈 아이를 관리하며 부모와 함께 늙어간다. 아이가 잘 자라고 건강이 회복되기를 눈으로, 마음으로 전하면서 말이다. 얼굴에 늘어가는 주름을 괜찮다고 위로하고, 서로의 건강을 챙기는 일이 많아지면서 내가 제법 나이가 들었다는 생각이 든다. 그리고 내가 가는 이 길이 꽤 괜찮다는 생각도 든다.

우현이 상태가 잠깐 좋아져 우현이 엄마의 기분도 좋았던 어느 날, 혼자 회진을 온 내게 낮은 목소리로 결혼은 했는지, 아이는 있는지 물었다. 전공의 시절의 거짓말과 달리 나는 당당하게 "아이가 둘"이라고 대답했다. 내가 엄마라서 아이들이 참 좋겠다는 우현이 엄마의 얘기에, 아이들이 나에게도 불만이 많다는 대답을 하며 우리는 서로 마주 보며 깔깔깔 한참을 웃었다. 더구나 나는 소아청소년과 의사임에도 종종 아이들의 병을 제대로 고치지 못해 타박을 듣곤 한다. 그날 아침에도 아이들 기침을 어떻게 하냐는 친정엄마의 호소에 "안 죽어요" 한마디를 남기고 허겁지겁 출근했던 못난 엄마다. 한참의 웃음 뒤에 우현이 엄마가 했던 이야기는 우현이가 먼 곳으로 떠난 지금까지, 내 마음에 오래 남아 있다.

"그래도 저는 선생님이 애를 낳고 키워봐서 참 좋아요. 제 마음을 진짜 제대로 이해해 주시는 것 같아서요. 선생님 아이들한테 제가 고맙기까지 하다니까요."

그렇다. 소아청소년과가 좋은 이유 중 하나는 내가 부모로서 지나온 길이 의사의 길을 더 환하게 비춰주기 때문이다. 그동안 힘들었던 경험을 바탕으로 얻은 지식과 생각이 나를 더욱 단단하고도 유연하게 만들었다.

신생아 중환자실에서 퇴원한 첫째 아이는 호흡기 문제와 발달 지연으로 속을 썩이고, 둘째 아이는 어려서 손이 많이 가고, 거기에 가족들의 불만까지 감내했던 나는 밤이면 베개를 눈물로 흠뻑 적시곤 했다. 퉁퉁 부은 눈으로 새벽같이 출근해 어김없이 회진을 돌고 외래 진료를 보면서 이 어두운 육아 터널의 끝에 빛이 있을지 막막했다. 그러나 이때의 걱정과 기다림은 지금 진료실에서 만나는 가족을 이해하고 공감하는 소중한 원동력이 되었다. 힘든 시기를 겪지 않았다면 지금의 내가 될 수 있었을까? 지친 부모에게는 "너무 힘드시죠? 저도 아이 키울 때 많이 힘들었어요. 우리 아이도 많이 아팠거든요"라는 말만으로도 위로가 된다고 한다. 나만 겪는 힘든 일이 아니라는 안도감 때문이리라.

아픈 아이를 키우며, 두 아이의 엄마로 지내며, 세상일이 내 마음대로 되지 않는다는 인내심과 세상 모든 사람이 귀하다는 깨달음을 얻게 되었다. 내가 아무리 최선을 다해도 마음처럼 되지 않는 일이 너무나 많음을, 그래서 마음을 내려놓는 지혜가 필요함을 알게 되었다. 그래서 지훈이 엄마처럼 세상이 무너진 것 같은 고통을 겪는 부모와 신뢰를 쌓는 일도 이전보다 편해졌다.

지훈이는 엄마와 있던 주차장에서 교통사고를 당한 이후로 이전처럼 말하고 걷는 것이 불가능해졌다. 엄마는 이 사실을 수개월 동안 받아들이지 못했다. 완벽하게 아이를 돌보고 싶었던 아빠는 면회 시간마다 중환자실 침상을 테이프로 붙였다 떼며 병원의 모든 곳을 점검했다. 테이프 접착 면에 작은 먼지라도 붙어 나온 날에는 아빠의 뾰족한 목소리가 중환자실 공기를 차갑게 만들었다. 같은 마음으로 아이의 회복을 빌면서도 예민한 부모와의 대면은 긴장되고 불안했다.

하지만 무사히 퇴원한 지훈이가 집에서 지내는 시간이 늘면서 엄마의 목소리는 조금씩 부드러워지고 아빠의 눈에도 점점 온기가 담겼다. 어느 날 진료실에서 내가 유난히 힘들어 보였는지 지훈이 엄마가 이런 말을 해주었다.

"교수님, 저는 아이에게 이제 해줄 게 별로 없다는 걸 알아요. 그래서 교수님에게 바라는 게 없어요. 그냥 그 자리에만 있어주면 돼요. 아이 상태가 나빠져도, 병동에 선생님이 있다는 생각만으로 마음이 든든해요. 그러니 아프지 말고, 이 자리만 오래 지켜주세요."

우현이, 지훈이, 그리고 이 아이들의 가족과 만나면서 내가 가는 이 길이 험할지라도 얼마나 아름다운 길인지 느끼게 되었다. 내가 그들에게 미치는 선한 영향력보다 내가 그들에게 받는 위로와 깨달음이 더 크다.

아무리 환자를 사랑한다고 해도 나 역시 가슴속에 품고 다니는 사직서를 꺼내고 싶을 때가 있었다. 병원과 대학 발령 심사에서 미끄러져 "배경이 변변치 않아 미안하다"는 부모님 앞에서 눈물을 참을 수 없던 날이나, 병원 일은 해도 해도 끝이 없는데 집에 있는 아이까지 아픈 날은 "그만두겠다"는 결심이 목까지 차올랐다. 그럴 때마다 나를 이 자리에 단단하게 잡아두었던 것은 배 아파 낳은 아이만큼이나 가슴 아파하며 지켰던 아이들에 대한 책임감이었다. 집에서 만나는 내 아이에 대한 사랑이 커질수록, 병원에서 만나는 아이들에 대한 사랑도 더 커지는 것 같았다.

결국 가슴속 사직서를 꺼내지 못했고, 나를 의지하는 아이들과 보호자에 대한 애틋함은 커졌다. 모두가 기피하는 소아 환자, 거기에 생소하고 복잡한 병명까지 달고 있는 아이들을 대신 진료할 인력을 구하기도 쉽지 않고, 오랜 기간 쌓아온 환자-보호자-의사 관계를 하루아침에 끊는 건 더 어렵기 때문이다.

아픈 아이를 키우며 말없이 눈물 흘리는 젊은 엄마들을 보면서 오늘도 젊은 시절의 내가 떠오른다. 그녀들 곁에서 이 귀한 아이들을 함께 잘 돌보고 싶다. 이제 내 배 아파 아이를 낳을 수는 없지만 힘닿는 데까지 이 자리에서 오래도록, 가슴 아파하며 동행하는 가족 모두를 잘 지키고 싶다.

백억 받고 나랑 사는 게 어때?

"백억 받고 우리나라에서 제일 예쁜 여자랑 살래, 백만 원 받고 지금 아내랑 살래?" 남편에게 물어보니 "그래도 자기랑 살아야지" 한다. 다시 준 기회가 무색하게도 그는 "자기가 제일 예쁘니까 백억 받아야겠네"라는 정답을 용케도 비껴간다. 피자를 시켜 식탁에서 함께 먹다가 아이들과 본인 컵부터 콜라를 채우는 모습에 나는 또 마음이 상한다. 신혼 시절 "나랑 왜 결혼했어?" 백 번을 물어도 "예뻐서"라고 천 번을 말해주던 사랑은 과연 어디로 간 걸까?

믿기지 않지만 내게도 달달한 연애 시절이 있었다. 의사 국가시험을 끝낸 1월의 어느 날, 남편과 나는 그 시절 만남의 장소였던 강남역 10번 출구 뉴욕제과 앞에서 처음 만났다. 밥을 먹고 차를 마시며 별것 아닌 일상 이야기에 빠져들어 이미 밖은 깜깜해진 줄도 몰랐다. 헤어지고 집 앞에서 그에게 걸려온 전화를 끊기 싫어 한 시간이 넘도록 영하의 추위 속에 온몸을 바들바들 떨었다. 2월 중순으로 예정된 외출이 거의 불가능한 인턴 근무를 앞둔 시기였다. 입대 전 예비 장병의 의무처럼 남들이 몇 달 연애할 만큼의 시간을 우리는 한 달 동안 불태웠다. 하루도 거르지 않고 매일 데이트를 하면서도 작별이 아쉬워 왕복 세 시간 귀갓길까지 함께하며 서로의 손을 놓지 않았다.

인턴 생활이 시작된 후로 우리는 정말 한 달에 한 번 만나기도 어려웠다. 그럼에도 불구하고, 늦은 시간 병원 건물 밖에서 그와 통화하는 일은 매일 밤의 설렘이 되었다. 낮에 겪었던 속상한 일은 영혼이 가득 담긴 목소리로 들려주는 '나를 사랑하는 이유 열 가지'에 깨끗이 녹아 없어졌다. 누가 들을까 봐 수화기 너머로 나지막이 들려주는 동물원의 '널 사랑하겠어' 노랫소리는 마음을 얼마나 간질였는지 모른다. 이 젊은 연인은 여름휴가 기간이 일치한 걸 알고 역시 우리는 운명이라 굳게 믿었다. 경포대의 푸른 바다를 앞에 두고 그가 정성껏 싸 온 도시락을 먹으며 바다만큼이나 푸르고 아름다운 미래에 대해 이야기를 나눴다.

내가 정성껏 알록달록 정리한 노트로 공부한 그가 전공의 선발 시험에서 합격했다는 소식은 무엇과도 바꿀 수 없는 큰 선물이었다. 전공의가 되고 더 바빠진 우리였지만 서로를 향한 애틋함으로 자연스럽게 결혼을 결심하게 되었다. 결혼식을 마치고 신혼여행을 떠나는 길은 내 인생에서 단연코 가장 행복했던 순간이다.

그토록 사랑했던 그와 육아의 산을 넘으며 우리는 서로에게 실망하고 상처를 주었다. 내가 진료실에서 만나는 부모들처럼 말이다. 생판 모르고 지내던 남남이 한집에 살며 길고 험한 육아 여정을 동반하는 일이 어찌 쉬울까. 아이를 함께 먹이고 키우는 보람보다 서로에 대한 원망이 우리 사이를 더 많이 채웠다.

연애 시절 그와의 대화에 그리도 즐거워했던 나는 "말해 뭐하나", "그럼 그렇지" 하는 식으로 입을 닫는 일이 많아졌다. 아이 문제, 가족 문제로 대화를 시작하면 결국 서로에게 상처를 주는 일로 마무리되었다. 왜 아무도 내게 분홍빛 환상 저편에 회색빛 현실이 있음을 미리 알려주지 않았을까?

갈등의 첫 시작은 너무 사소해서 기억도 나지 않을 정도이다. 하루 동안 힘들었던 얘기를 하면 "나도 힘들거든"이라고 받아치거나, 잠시 후 아이에게 먹이려고 둔 음식을 묻지도 않고 치워버린 일처럼 말이다. "그걸 그렇게 치우면 어떡해?"라는 이야기에 "맨날 힘들다고 하더니, 도와줘도 뭐라고 하는 거야?"라는 대꾸가 이어졌다. 아이를 대신 부탁하고 출근하는 날, '한 번에 200밀리리터 이상은 먹이지 말라'고 했건만, 두 배나 먹이고 아이는 결국 토사

물로 엉망이 되었다. 그렇게 먹이면 어떻게 하냐는 말은 또 새로운 다툼의 발단이 되었다.

아이가 어느 정도 크고 나서는 아이와 아빠 사이에 부루마불 게임이라도 길어지면 집안은 금세 긴장감으로 가득 찼다. 아이와 놀아주려 시작한 놀이가 어느새 진검 승부처가 되고 말았기 때문이다. 이기지 못한 아이가 씩씩대거나, 져주려다 들켜 토라지는 식이었다. "애 하나랑 제대로 놀아주지도 못해?"라는 핀잔에 "시키는 대로 놀아줘도 불만이냐, 좋기만 할 수 없다는 것도 알아야지"라며 다툼이 시작되었다. 나는 아이 엄마로 거듭나기 위해 애를 쓰는데, 남편에게는 아빠가 되려는 노력이 보이지 않아 속상했다.

대부분의 부부가 몇 번 비슷한 일을 겪고 나면 "네가 그러면 그렇지", "내가 하고 말지" 하고 마음의 문을 닫고 냉담해진다. 양육에 대한 의견 차를 확인하는 날에는, "너 잘났다"는 생각으로 말문을 닫는다. 몸은 한 공간에 있어도 정서적으로는 끝난 사이이다. 어느 순간, 사랑했던 과거는 오랜 기억의 창고에 처박혀 달달한 감정은 떠오르지도 않는다.

아픈 아이를 돌보는 일은 손이 많이 가는 데다가 신경이 곤두서기 때문에 부모의 마음은 가시밭길이 된다. 별것 아닌 말과 행동에도 마음에 난 가시로 서로를 찔러 상처를 남기고 만다. 육아에 무관심하거나 돕는 것에 불과해 보이면 함께하는 일이 아니어서 억울하고 속상하다. 실제로 아이가 만성질환으로 입원과 퇴원을 반복하면서 사이가 나빠진 부부를 자주 만난다.

중증 아토피피부염 이안이 아빠와 엄마도 비슷한 상황이었다. 아이는 화상을 입은 듯 온몸이 빨갛게 붓고 엉망이었다. 아침이면 진물과 피딱지가 이불에 엉겨 떨어지지 않았다. 아이를 돌보는 일에 지친 엄마가 "그동안 얼마나 힘드셨나요?" 묻는 나의 한마디에 눈물을 흘린다.

"아토피는 만성질환이라서 하루아침에 나아지지 않지만 엄마, 아빠가 함께 노력하면 좋아질 수 있어요."

내 얘기에 엄마의 얼굴이 조금은 편안해 보인다. 하지만 우는 아이를 힘들게 달래고 있는 아빠는 여전히 긴장된 모습이다.

"아빠도 정말 좋은 분이시네요. 아이를 위해 함께 노력하는 게 쉽지 않은데요. 엄마 마음이 너무 힘들면 아빠의 수고가 잘 보이지 않아요."

내 말을 놓치지 않으려는 듯 어느새 아빠는 아이보다 더 어린아이처럼 엄마의 예민함과 그로 인한 고단함을 호소한다. 매일 씻기고, 열 번 가까이 보습제를 바르고, 빨래도 따로 헹구고, 온도계와 습도계까지 끼고 살면서 엄마의 비위를 맞추기가 힘들다는 것이다. 외출에서 돌아온 엄마 눈에 아이 상태가 나빠 보이면 모든 책임은 아빠에게 돌아왔다. 엄마는 피부 상태가 더 나빠질까 봐 나들이도, 새로운 음식 시도도 대부분 마다했다. 조금 대충 키워야 면역이 튼튼해지지 않느냐는 아빠의 질문에 젊은 부부의 눈빛이 교차하며 불꽃이 튄다.

"엄마, 아빠가 싸우지 않고 한 팀이 되어야 아토피도 잘 극복할 수 있어요. 온 가족이 엄마 눈치를 보고 있는데 엄마 마음이 무너지면 가족 모두가 너무 힘들어요. 아토피도 아토피지만 엄마, 아빠도 함께 행복해야 하잖아요."

"남편은 아이를 정말 대충 보거든요. 저만 동동거리고 신경 쓰는 게 화가 나요."

유별나다는 소리를 듣고 지내는 엄마 마음도 충분히 이해가 된다. 다른 집보다 두 배 넘는 육아 에너지를 쓰는데도 한번 뒤집어진 피부가 좋아지려면 몇 날 며칠, 그 이상이 걸리기 때문이다.

이때 내가 늘 하는 말은 과거로 돌아가 왜 결혼을 결심했는지 그 이유를 생각해보라는 것이다. 아직 태어나지도 않은 아이를 잘 키우려고 부부의 연을 맺은 부모는 세상에 없다. 두 사람의 행복을 위해 시작한 결혼생활이 아이 때문에 불행하고 힘들면 안 된다고 강조한다. 시간이 부족한 빡빡한 진료실에서 젊은 부모에게 오지랖 넓게 조언을 하는 이유는, 부모가 한 팀으로 잘 지내야 아이의 병을 잘 극복할 수 있기 때문이다. 몇 달의 인연을 이어가면서 이안이 엄마의 표정이 한결 밝아지고 예뻐졌다.

"선생님을 만나고 우리 부부가 덜 싸우게 됐어요. 아이 피부가 나아진 것보다 그게 더 좋은 것도 같아요."

내가 젊은 부모에게 자신 있게 조언할 수 있는 이유는 우리 부부 사이에서 얻은 깨달음 덕분이다. 너무 힘든 시기 나는 마지막이라는 생각으로 1~2년만 더 버텨보자고 결심했다. 헤어지더라도 먼저 그의 마음을 조금이나마 회복시키는 게 우선이라고 생각했다. 그런데 내가 먼저 더 많이 참으려 노력하면서 나는 그와의 관계를 정리할 수 없게 되었다. 아이러니하게도 다시 그와 사랑에 빠졌기 때문이다.

내가 먼저 노력하기로 마음을 먹었던 이때, 제일 먼저 한 일은 말의 습관부터 바꾸는 것이었다. 정말 궁금한 게 아니면 의문문을 사용하지 않았다. "왜 그렇게"는 모든 말을 비난조로 만들어버리는 마법의 단어들이다. "왜 그렇게 하는 거야?", "왜 그렇게 얘기하는데?" 대신 "그렇게 해서 걱정했어", "그렇게 말하면 속상하니까 이렇게 해주면 좋겠어"로 바꾸었다.

그의 말끝에 "그게 아니라"도 사용하지 않았다. 대신 "아, 그래? 그렇게 생각했구나", "그런 거구나. 나는 이렇게 생각했는데"로 표현했다. 잔소리처럼 느낄 만한 것은 짧은 문자 메시지로 대신했다. 그래야 목소리에 담긴 감정이 전달되지 않기 때문이다. 남편에게 분노 감정을 드러내지 않고, 먼저 고마움을 표현하면서 엄청난 마법을 경험했다. 남편이 다시 자상하고 친절한 그때 그 사람으로 돌아온 것이다. "오늘 이것 때문에 너무 화났어"라는 내 말에 놀랍게도 남편은 "그래? 진짜 힘들었겠다"라고 대답해주었다.

그는 완전히 다른 사람이 되었다. 말투만 달라진 것이 아니라 나를 더 배려하고 이해하는 모습으로 변신했다. 침대 위 이불 두께처럼 사소한 문제로도 토라지던 우리가 서로의 온도에 더 신경을 쓰게 된 것이다.

하찮게 여겼던 일을 소중하게 생각하고 배려하는 그를 보면서 나와 소통하는 법을 익히려고 노력하는 모습이 고맙게 느껴졌다. 부부 사이가 나아지자, 아픈 아이를 돌보는 일도 훨씬 수월해졌다. 감정의 소용돌이에서 빠져나오며 남편 역시 힘든 파도를 넘고 있었다는 걸 깨달았다. 남편 역시 가족을 위해 최선을 다하고 있었다. 거기에 내 눈치까지 보느라 얼마나 힘이 들었을까?

나는 아픈 아이에게 집중하고, 완벽한 엄마가 되려고 노력하면서도 그의 노력은 제대로 보지 않았다. 남편에게 사랑받고 싶으면서도 나는 연애 시절처럼 그에게 집중하지도, 다정하지도 않았다. 아이의 돌봄과 내 마음만 보고 있었다. 연애 시절 그가 좋아했던 나의 밝은 웃음과 긍정적인 태도가 엄마가 된 이후로 사라졌다. 그도 과거의 나를 그리워하며, 불친절한 말과 표정으로 불만족을 표현하고 있었던 것이다.

내가 상대를 감싸주지 않으면 상대도 나를 감싸주지 않는다는 걸, 몸소 체험했다. 부부 사이의 갈등에는 승자가 없다는 것도 알게 되었다. 불편하고 복잡한 감정으로 서로를 대하면 아무도 행복해지지 않는다. 배우자에게 남은 상처는 내 몸의 상처와 같다는 점에서 부부는 '일심동체'가 맞다. 당장은 이긴 것처럼 느껴져도, 나에게 상처받은 사람이 따뜻하고 부드럽게 나를 대할 수 없다.

'부부 싸움은 칼로 물 베기'가 항상 맞는 말은 아니다. 사랑했던 사이도 깊은 상처가 반복되면 칼로 베어진 둘 사이의 거리 회복은 어렵다. 상황이 좋아지고, 육아가 수월해지고, 아픈 아이가 나아져도 상처는 쉽게 치유되지 않는다. 그래서 어려운 시기일수록 서로를 이해하고 지혜롭게 대처하는 법을 배워야 한다.

내 마음처럼 말하고 움직여주기를 바랄수록 부부 사이는 평행선이 되고 간격은 좁혀지지 않는다. 평소 서로의 다름을 이해하고 서로를 아끼며 신뢰를 쌓는 일이 중요하다. 그래야 상대의 반응이 일반적이지 않을 때 "나를 사랑하지 않는구나"라며 오해하지 않고 "나를 상처 내려는 게 아니라 잠깐 힘든 일이 있나 보다" 하고 넘어갈 수 있다. 내가 지고 잃는 만큼, 상대가 이기고 얻는 관계가 아니다. 둘 중 하나라도 상처를 받았을 때, 둘 다 패하고 모두 잃는다.

아프지 않고 크는 아이가 없는 것처럼, 갈등하지 않고 사는 부부도 없다. 긴 세월을 함께 살면서 어려움을 한 번도 경험하지 않은 부부가 어디 있을까? 모두 나서서 말하지 않을 뿐이다. 우리의 목표는 서로에게 원수가 되는 것이 아니라 함께 행복하게 아이를 잘 키우며 사는 것이다.

과거에 했던 사랑의 약속을 상기시키며 서로에게 의무를 요구하고 갈등하기에는 우리 인생이 너무나 소중하다. 드라마 〈응답하라 1994〉에서 막 새집으로 이사한 주인공 나정이가 페인트 냄새와 매연 때문에 문을 열어야 할지, 닫아야 할지 모르겠다는 우문에도 "너 괜찮냐?"는 현답을 할 수 있는 칠봉이 같은 배우자가 필요하다. 서로 먼저 챙기고 걱정해야 새집증후군과 매연보다 몇 배는 힘든 육아 상황에서 부모와 아이 모두 행복하고 안정적인 삶을 꾸릴 수 있다.

그래도 잘 모르겠다면 배우자 로봇이 되어 외우자. "당신이 예뻐서", "당신이 멋있어서", "그래?", "정말?", "많이 힘들었겠다", "노력해주어서 고마워" 같은 감정적인 공감만으로도 힘이 난다.

현실은 여러모로 변하게 마련이다. 나는 노력하지 않으면서 과거 10년 전, 20년 전의 연애 시절을 그리워하는 것은 비현실적이다. 내가 원하는 이상적인 배우자는 세상에 없다. 많이 양보해서 배우자가 내 이상형에 완벽히 부합하더라도 같이 살다 보면 시간의 무게에 눌려 변하는 법이다. 내가 변하는 속도처럼 말이다. 그러니 그도, 나도, 지금 함께하는 이 배우자가 내 이상형이라고 마법을 외워야 할 것이다. 함께 살면 백억을 받을 수 있는, 우리나라에서 제일 예쁜 아내, 제일 멋진 남편이라고 말이다.

아이와 나를 위한 씩씩한 다짐

✦ 아픈 아이에게만 집중하다 보면 배우자에게 소홀하기 쉽다. 상대방 역시 거친 파도를 넘고 있다는 사실을 명심하자.

✦ 부부 사이의 갈등에는 승자가 없다. 내가 상대를 감싸주지 않으면 상대도 나를 감싸주지 않는다.

내 길에 수선화가 피지 않기를

내게는 '다시 태어나도 지금의 배우자와 결혼할 것인가?'라는 질문보다, '다시 태어나도 지금의 길을 선택할 것인가?'라는 질문에 더 대답하기 쉽다. 나는 다시 태어나도 의사가 되고 싶다. 내 직업에 최선을 다하는 것만으로도 세상을 이롭게 하는 그 뿌듯함이 무엇보다 좋기 때문이다. 그리고 나는 다시 태어나도 소아청소년과 의사가 되고 싶다. 환자들을 이토록 안쓰러워하고 진심으로 아낄 수 있는 건, 내 환자가 그 자체로 소중한 어린이와 청소년이기 때문이다. "모든 결정에 아이들을 사랑하는 철학을 담으면 다 잘될 것"이라는 이상일 교수님의 가르침은 언제나 나를 옳은 길로 이끌어주었다. 내게 의지하고 무한한 신뢰를 보내는 보호자를 위로하는 일도 보람차다. 스스로 병을 이겨내는 아이들도 기특하고, 옆에서 이 일을 돕는 나도 자랑스럽다. 때때로 나의 빠른 진단과 결정으로 천국의 문 앞에서 아이를 데려올 때, 나는 내가 너무 대견하다.

인턴을 마치고 소아청소년과 전공의를 지원하면서 처음 가졌던 꿈은 이토록 큰 대학병원의 교수는 아니었다. 동네 의원에서 아이들을 진료하며 가족의 건강도 함께 챙기는 따뜻한 가족 주치의가 되고 싶었다. 지금도 어릴 적 가졌던 꿈에 대한 아쉬움이 남아 있다. 매력적인 그 길을 뒤로하고 더 큰 세상으로 나온 데에는 전공의를 마칠 때쯤 큰 병원의 전임의 과정을 마치고 모교의 교원으로 돌아오라는 은사님의 조언이 있었기 때문이다.

전임의로 근무하면서 나는 인생에서 가장 큰 선물을 받았다. 바로 내 인생의 멘토, 이상일 교수님과의 인연이 시작된 것이다. 나는 삼성서울병원의 전임의로 지원하고 면접을 보기 위해 교수님을 처음 마주했다. 전임의는 전문의가 되고 나서 세부적인 분과를 정하여 대형병원에서 수련을 더 거치는 의사를 뜻한다. 나중에 대학병원의 교수로 근무하기 위해서는 필수적으로 거쳐야 하는 과정이고, 소아청소년과학 중에서 내가 선택한 세부 전문 분과는 내 두 아들에게도 도움을 줄 수 있는 '호흡기 알레르기' 전공이었다.

이상일 선생님을 처음 만나던 날, 내가 받은 질문은 '수선화의 꽃말'이었다. 면접 전날 밤까지 준비했던 예상 문답과 동떨어진 질문에 얼마나 당황했는지 모른다. 연못 속에 비친 자신과 사랑에 빠져 바라보다가 죽은 나르키소스의 자리에서 피어난 꽃이 수선화였다고 한다. 그래서 수선화의 꽃말은 '자존심', '자만심', '이루어질 수 없는 사랑'이다. 자만하지 않아야 한다는 가르침을 에둘러 말씀하신 것 같다.

"아이는 대충 키워라."

"아이를 잘 키우고 싶으면 둘째를 낳아라."

"자리에 연연하지 말고 내면을 채워라."

"일등 하던 엄마가 공부하듯이 아이를 키우면 안 된다."

"청진할 때는 머릿속으로 폐 기능 검사의 곡선을 그려라."

"때가 되면 젊은 세대가 마음껏 꿈을 펼치도록 도와라."

"남편에게도 자식에게 하듯이 잘 해라."

모두 수선화의 꽃말처럼 인생 철학을 담아 해주시던 선생님의 끊임없는 지도였다.

선생님은 내가 전임의 수련을 마칠 때 '집먼지진드기를 키우고 연구하라'는 목표를 주셨다. 알레르기를 제대로 공부하려면 가장 대표적인 알레르기 항원을 길러보아야 한다는 이유에서였다. 모두들 퇴치하려는 이 생물체가 내게는 살려내야 하는, 그래서 머릿속에 종일 맴도는 숙제가 되었다. 내 명함의 바탕을 진드기로 하거나, 내 호를 '진득'으로 해야겠다는 생각을 할 정도였다. 덕분에 집집마다 다니며 먼지를 수집해서 집먼지진드기 농도를 재고 아토피피부염과의 연관성을 밝히는 박사 논문도 낼 수 있었다. 아토피캠프에서 현미경으로 집먼지진드기를 아이들과 함께 보며 신나하기도 했다.

선생님을 통해서 나는 환자의 하루 이틀, 한 달, 두 달이 아니라 몇 년 후까지 내다보는 진료를 해야 한다는 걸 알게 되었다. 소아중환자실 입원 기간이 길어지는 아이들에게도 폐 이식이나 가정용 인공호흡기 적용을 통해서 미래를 준비하는 계획이 필요하다고 강조하셨다. 그리고 환자가 나빠진 이후가 아니라, 그 이전 단계에서 경과를 예측하여 손을 써야 한다고 강조하셨다. 아이의 증상이 시작된 지 얼마나 지났는지, 이 병의 경과가 어떤지를 종합적으로 판단해서 환자가 고생하기 이전부터 치료를 계획해야 한다는 것이다. 회진 시간 동안 미래 계획 없이 어제와 오늘의 상태만으로 프레젠테이션을 하면 선생님의 잔소리를 한 시간도 넘게 들어야 했다. 사실 간혹 이 잔소리가 좋아서 일부러 선생님이 원하는 정답을 피해 대답한 적도 있었다.

처음 전임의를 시작할 때는 2년 계획이었지만, 나는 1년 만에 신규 교원이 반드시 필요한 모교로 돌아가게 되었다. 모교로 옮겨가기로 결정한 날, "이제 너는 내 식구이니 그곳에 널 잘 돌봐달라고 부탁해야겠다"라고 하셨던 선생님의 말씀은 큰 힘이 되었다.

모교에서 젊은 교원으로 근무하던 내가 간혹 어려운 갈등 상황에 고민하다가 선생님께 상담을 요청하면 한참을 들어주시고는 결국 "모든 결정에 어린이를 최우선으로 하라"고 말씀하셨다. 이 철학적인 얘기를 생각하면 선택은 어렵지 않았다.

은퇴를 앞둔 선생님이 자신의 후임으로 다시 삼성서울병원으로 돌아오라고 하셨을 때, 나는 모교의 보직보다 더 불안정하고 낮은 지위였지만 "모든 결정에 어린이를 최우선으로 하라"는 선생님의 말씀만 생각했다. 더 아픈 어린이를 더 전문적으로 진료하고 연구하는 자리로 옮기는 것이 올바른 결정이라는 판단 때문이었다. 물론 내가 가장 존경하는 은사님의 뒤를 잇는 자리가 얼마나 영광인지는 두말하면 잔소리였다.

어쨌든 나는 선생님을 만나고 의사로서 가진 원래의 인생 계획에서 멀어졌다. 선생님을 더 가까이 닮고 싶은 마음 때문이었다. 더 이상 의뢰할 곳이 없는 마지막 보루, 큰 병원에서 어렵고 복잡한 환자들 때문에 힘들고 속상한 날이면 선생님을 따르고 싶었던 결심을 떠올리며 마음을 다잡았다.

이상일 교수님께 큰 철학과 가치관을 배웠다면 냉철한 의학적 사고의 많은 부분은 안강모 교수님으로부터 나온 것이다. 내가 전임의 시절 안강모 교수님에게 붙인 별명은 '명탐정 바베크'였다. "안개 속에 바람인가. 검은 별 검은 별. 나타났다 잡히고 잡혔다가 사라지네. 뒤를 쫓는 그림자는 명탐정 바베크. 정의는 이기지요."
초등학생 시절 동생들과 입에 달고 부르던 '바베크 탐정과 검은 별'의 주제가처럼, 선생님은 아이들을 괴롭히는 검은 별 같은 병을 잡기 위해 이성적이고 냉철한 사고의 기본을 잃지 않으려 노력하는 분이었다.

학생, 전공의들과 몇 시간씩 회진을 함께하며 "남은 문제 목록은 무엇인가?", "잠정진단은 무엇인가?", "근거는 무엇인가?" 질문을 통해 스스로 정리하고 깨우칠 수 있도록 하셨다. 공감만큼이나 중요한, 이성적인 판단력을 잃지 않도록 중심을 잡는 시간이었다. 그래야 우리 모두의 최우선 가치인 아이들의 건강을 위해 의사결정을 할 수 있기 때문이다. 아이들의 맑은 눈망울과 부모의 슬픈 눈빛을 마주하면서도 이성적인 판단이 마비되지 않도록 연습했다. 이 배움의 현장에서 소크라테스의 가르침처럼 내가 부족한 부분을 찾고 냉철한 이성으로 채우기 위해 무던히도 공부하고, 연구하고, 논문도 썼다.

처음 전임의 과정을 시작할 때 안강모 교수님의 의무기록을 보며 나는 모든 문제를 일목요연하게 정리하고 하나씩 해결해가는 모습을 닮고 싶었다. 어렵고 복잡한 환자들의 문제도 하나씩 정리하여 깊게 파헤치면 아이들 몸속에 똬리를 튼, 그래서 세상을 조롱하는 검은 별 같은 병의 원인을 찾을 수 있었다. 병동과 응급실에 밀려드는 환자들을 보고하기 위해 정리하면서 "이게 정말 맞나?

근거가 무엇인가?"라는 얘기를 듣지 않으려 노력했다. 나도 모르게 교수님에게 한 발짝씩 가까워지는 것 같았다.

몇 년이 지나 우리 팀에서 함께 진료하던 환자의 의무기록을 보며 혼자 웃고 마음이 뿌듯한 적이 있다. 의무기록 작성자가 안강모 교수님인지, 나인지 스스로 헷갈렸기 때문이다. 같은 상황에서 내가 머릿속으로 세운 진료 계획이 안강모 교수님과 '빙고'를 외치는 빈도가 늘면서 교수님의 아바타처럼 성장한 내가 대견하게 느껴졌다. 차가운 이성의 소유자라고 생각했던 스승의 인정을 받기 위해 끊임없이 노력했던 과거의 시간이 헛되지 않았음을 느끼는 순간이었다.

내가 전공의를 하던 시절만 해도 여의사를 탐탁지 않게 생각하는 분위기가 남아 있었다. 졸업을 앞둔 여자 의대생의 인턴 지원은 여의사 숙소의 침대 수만큼만 가능했고, 각 전공과마다 여의사 비율이 잠정적으로 따로 정해져 있을 정도였다. 그러고 보면 이 길을 택하도록 이끌어준 모교의 은사님들과 전임의 시절 인연을 맺은 두 교수님은 모두 대단한 분들이다. 집안 배경, 성별보다 환자에 대한 열정과 노력만을 바탕으로 평가하고 기회와 가르침을 주셨기 때문이다. 아이들을 진정으로 사랑하는 사람은 악하게 행동하기 어렵다는 말이 맞는 것 같다.

나는 정말 운이 좋은 사람이 맞다. 항상 나를 믿고 지지하는 부모님만큼이나 좋은 은사님들을 만나 내 길을 열심히 갈고닦을 수 있었다. 선생님들에게 환자와 인생을 대하는 자세, 냉철한 판단력, 그리고 끊임없는 기회와 신뢰를 받으면서 의사로서의 삶이 채워졌다. 그리고 무엇보다 '한 공간에서 대가와 동행하는 삶'은 나를 여러 면에서 성장시켰다.

나는 살면서 많은 의사를 만났다. 그리고 나의 은사님들만큼 주변에 좋은 의사가 무수히 많다는 것을 뼛속 깊이 알게 되었다. 모든 결정에 아이들을 우선으로 하고, 올바른 선택을 위해 부단히 노력하는 좋은 의사들 말이다. 그래서 의사를 믿지 못해 여러 병원을 떠돌며 여전히 불안해하는 부모들에게 꼭 말하고 싶다. "부모가 기대고 의지할 수 있는 의사를 찾았다면 믿고 동행해야 한다"고, 그래야 "여러 번 아프며 크는 아이들을 불안해하지 않고 잘 지켜줄 수 있다"고 말이다.

주변 사람들이나 미디어를 통해 질이 나쁜 의사에 관한 이야기를 들으면 마음이 무너진다. 아이들이 아플 때마다 의사에게 기댈 수밖에 없는 부모의 실망이 크게 느껴지기 때문이다. 하지만 어느 곳에나 우리 마음과 같지 않은, 올바르지 않은 사람들이 있지 않은가? 나쁜 의사를 보며 "그러면 그렇지. 의사들이란" 하고 모든 의사를 의심하며 자조적이거나 회의적이지는 않았으면 좋겠다. 상대적으로 열악한 근무 조건에도 환자들의 웃음과 건강을 가장 큰 가치로 여기고 이 길을 택하는 의사들도 있기 때문이다. 특히 소아청소년과 의사 중에는 아이들의 웃음소리와 부모의 감사 인사 한 마디로도 삶의 의미를 채워가는 분들이 많다.

이들은 과도한 근무로 지칠 때보다 환자의 약이 제대로 수입되지 않아 구할 수 없을 때 더 괴로워한다. 어른들에게는 보험 급여로 혜택을 주는 약을, 나이가 어린 환자만 비싸서 사용하지 못할 때, 그래서 진료실 문을 나서는 부모가 자책할 때, 힘이 부족한 자신을 안타까워한다. 검사 일정이 빨리 잡히지 않으면 내 자녀의 일처럼 발 벗고 나선다.

아이가 아파도 너무 걱정하지 말자. 아이를 함께 지키는 소아청소년과 의사가 있다. 그리고 지금은 힘들지만 세상은 더 나아지리라 믿는다. 힘들어도 이 길을 택하는 의사들이 많아지도록 아름다운 칭찬과 섬세한 정책이 늘어나기를 바란다.

나 역시 따뜻한 인간미와 냉철한 의학적 판단력을 갖춘 좋은 의사가 되어야 한다는 과거의 결심을 오늘도 되새긴다. 차가운 불꽃처럼 말이다. 그 목표에 한 걸음씩 다가가기 위해, 내가 걷는 길에 나르키소스의 수선화가 피지 않도록 매일 돌보리라 다짐한다. 느리게 보여도 결국 큰길을 만들어내는 강물처럼, 내 길이 내가 만나는 소중한 사람들에게 더 환하고 아름다운 꽃길이 되도록 만들 것이다.

3

너와
함께,

내
삶의
보물찾기

아프지 않고 —— 크는 아이는 없다

옆집 아이와 산다는 것은

큰아이가 유치원에 다닐 때였다. 퇴근 후 집에 돌아와보니 온 집 안이 물 천지로 난리가 났다. 며칠 전부터 어깨가 아프다는 할머니 얘기에 아이가 좋은 생각이 났다며 물에 적신 수건을 짜지도 않은 채 할머니 어깨에 올려놓아 벌어진 일이었다. 열이 나고 아프던 날 할머니가 자기 이마에 올려주었던 차가운 물수건을 기억하며 내민 순수하고 귀여운 처방이었다.

할머니에 대한 마음이 이토록 애틋했던 아이는 낯선 땅 미국에서 사춘기를 외롭고 혹독하게 겪어야 했다. 나의 해외 연수를 따라나서며 온전히 우리 네 식구만의 독립된 시간을 보내야 했기 때문이다. 나도 아이들도 미국에서의 연구와 새로운 학교생활에 적응하느라 각자 힘든 시기를 보냈다. 특히 유창한 영어 실력을 갖추지 못했던 큰아이는 미국에서 중학교를 다니며 한 달 이상을 아침마다 울면서 등교했다. 대화가 중요한 나이에 선생님과 친구들의 이야기를 알아듣지 못하니 그야말로 답답한 노릇이었다.

학교 음악회 날, 베이지색 바지를 입어야 한다는 아이의 말에 부랴부랴 옷장을 뒤져 찾아주었던 적이 있다. 가족이 함께 음악회에 도착해보니 다른 아이들의 남색 바지 속에 유일하게 우리 아이의 베이지색 바지가 도드라졌다. 선생님의 '네이비' 발음을 '베이지'로 잘못 들은 게 분명했다. 아이의 얼굴에 당황함이 가득했다. 엄마인 나야 한 번의 당황함이지만 아이는 매일 같은 환경에서 비슷한 실수를 마주하며 얼마나 괴로웠을까?

그나마 아이의 자존감을 세워주던 수학 시간, 시험 문제를 다 풀고 남은 종이 여백에 총을 그려 학생 주임인 '딘'에게 나까지 호출을 당하기도 했다. '총'이라면 학생의 그림뿐 아니라 손짓까지도 허용되지 않는 미국의 문화를 아이가 알 리 만무했다. 한 아이가 첫째의 다리를 걸어 넘어뜨리고 후드티를 잡아당겨서 다시 한 번 딘을 만나기도 했다. 괴롭히던 아이에게 정중한 사과를 받고 잘 넘어갔지만 아이의 학교생활은 그야말로 좌충우돌, 고군분투, 어려움과 도전의 연속이었다.

파란만장한 사건들을 겪으며 아이는 점점 휴대폰과 게임에 빠져들었다. 온라인 게임은 아이에게 잠시나마 외로움을 잊게 해주는 유일한 친구 같았다. 아이는 학교 수업 시간에도 휴대폰을 사용하다가 게임 세상으로 빠져들었고, 침대 이불 속에서도 밝은 불빛이 새벽까지 새어 나왔다. 새로운 취미를 갖게 하려고 자전거, 스케이트, 낚시며 캠핑까지 야외 활동도 함께 즐기고, 영어 과외로 학습을 도와주어도 온라인 세상에 깊숙이 빠져든 아이를 구출하는 일은 쉽지 않았다. 아이를 설득하고 단호하게 얘기해도 며칠이 지나면 말짱 도루묵이었다. 첫 번째 학기 성적이 보잘것없었던 것은 너무도 당연했다.

몇 달을 게임 세상에서 헤매던 아이와 그 옆에서 불안한 나를 구원했던 것은 내가 진료실에서 엄마들에게 항상 했던 말을 상기한 것이었다. 진료실에서 아이와 심한 언쟁을 하거나, 내 눈앞에서 등짝 스매싱까지 날리는 엄마들에게 했던 말은, "내 아이를 옆집 아이처럼 대하라"는 것이었다. 나 역시 속상한 마음에 밤을 지새우고 나서도 '옆집 아이를 맡아 키우는 거라면 어떻게 해야 할까?' 아이에게 내색하지 않으며 내내 궁리했다. 아이가 태어나 고생하던 때가 생각났다. 옆집 아이라면 그 엄마에게 더 바랄 게 뭐가 있냐고, 욕심을 버리고 게임에 몰입하는 아이를 그 자체로 이해하고 받아들이라고 말해줄 것이다.

일단 나는 쉬운 게임을 배워 온라인 세상에 함께 발을 들여놓았다. 죽고 죽이는 게임 속에서 힘든 일상이 잠시나마 달콤해지는 마법을 경험하며 아이를 좀 더 이해하게 되었다. 그리고 아이에게 직접 참여할 수 있는 게임 대회에 나가보자고 권했다. 이왕 하는 거 등수 안에 들 수 있게 최선을 다해보자고, 그리고 너의 적성에 맞는지 제대로 확인해보자고 했다.

아이는 처음에 어리둥절하더니 이내 신이 났다. 자기가 나갈 만한 대회를 몇 개씩 목록으로 만들고 열심히 지웠다 썼다 구상안을 만들어갔다. 죄책감으로 괴로워하며 하던 게임을 이제 더 이상 눈치 보며 할 필요도 없으니, 아이는 집에서 아주 당당해졌다. 아이를 있는 그대로 이해하면서 내 마음도 더 불편하지 않았다. 꼭 공부로 자아실현을 할 필요는 없지 않을까, 나는 대안학교도 찾아보고 내 욕심과 마음을 많이 내려놓았다.

2~3주 지났을까? 이것저것 대회 종류도 알아보고 준비 과정도 찾아보던 아이가 나를 다시 놀라게 했다. 게임 대회 참가를 포기하겠다는 것이다.

"엄마, 나 이제 여기까지만 할게요. 제대로 해보려고 하니까 이걸로 더 잘할 수는 없는 것 같아요. 게임은 취미로 하는 게 맞는 것 같아요. 제 휴대폰도 몇 시간 사용하면 자동으로 잠기게 해주세요."

대회 준비 과정에서 오히려 아이는 자신의 한계와 마주했던 것이다. 평소 즐기던 휴대폰 사용과 게임이 가장 행복한 일도, 가장 잘하는 일도 아니라는 것을 스스로 깨달았다. 그리고 학교 공부에 더 집중하고 싶다는 결심을 하고 도움을 요청했다.

나와 남편은 아이가 하교한 이후 하루 두 시간씩 순번을 정해

문법, 역사, 과학, 사회 교과서를 함께 읽고 해석하는 시간을 가졌다. 특히 어려운 내용을 고민하고 해결하는 모습을 보이면, 우리 부부는 "정말 열심히 하는구나. 이렇게 노력하는 게 정말 대단한 거야"라고 칭찬했다. 게임에서 이길 때보다 더 아름다운 아이의 미소를 보게 되었다. 우리는 매일 서로 퀴즈를 내며 학습 내용을 점검했고, 그날의 과업을 마치면 온라인 세상에서 만나 당당하게 게임을 즐겼다. 학습과 여가를 균형 있게 조절하며 아이는 조금씩 자신감을 얻었다.

"와 우리 아들! 휴대폰의 유혹을 이겨내다니 너 정말 대단해. 엄마는 이제 걱정 안 해도 되겠다. 마음이 너무 행복한걸."

아이가 자신의 결단력과 자제력으로 휴대폰의 유혹을 이겨낼 때마다 칭찬을 아끼지 않았다. 자신이 마주한 어려움을 스스로 극복하고 있다는 생각에 아들의 마음도 뿌듯했을 것이다.

미국에서 두 번째 학기를 마치며 큰아이는 성적이 우수한 학생에게 수여하는 'Honor Student' 표창을 받아왔다. 단순한 학업 성취를 넘어, 휴대폰과 게임 중독에서 벗어나 가족과 함께 이루어낸 성과의 상징이었다.

그러나 무엇보다도 아들이 진정으로 얻은 성과는 작은 일이라도 스스로 결정하고, 그 결정을 통해 자신의 삶을 주도적으로 만들어가는 모습이었다. 또한 실수를 겪고 대처하며 어려움을 극복한 경험이 아들을 더욱 성장하게 했다. 이 모든 과정이 녹아 있는 표창 기념 스티커는 아직도 우리 집의 소중한 보물이다. 그때의 경험이 앞으로도 우리 가족이 함께 이루어갈 더 많은 성과의 밑거름이 되리라 믿는다.

청소년기의 나는 누구보다 절박하고 치열하게 살았다. 내 능력을 인정받고 싶었고, 그래서 딸만 셋이라고 구박받던 엄마에게 자랑스러운 존재가 되고 싶었다. 어찌 보면 내 아이에게도 이런 삶을 강요할까 봐 하늘이 미리 알고 태어날 때부터 시련을 주신 것 같기도 하다. 처음 아이를 만났을 때 가졌던 '내 곁에서 숨 쉬어주는 것만으로도 고맙다'는 생각을 되새기게 하려는 계획이었을지도 모른다.

아이를 신생아 중환자실에서 퇴원시키고 집으로 데려오는 길에 나와 남편은 "건강하게만 자라다오"를 가훈으로 정했다. 너무 많은 기대로 아이를 힘들게 하지 않겠다는 굳은 다짐이었다. 하지만 처음의 마음을 계속 지키는 일이 얼마나 어려운가? 아이가 병원에 입원하는 횟수가 점차 줄어들면서 나도 모르게 새로운 기대와 욕심이 생겼다. 아이가 빨리 남들처럼 발달하고, 공부도 잘했으면 좋겠다는 생각이 들었다. 친구들에게 인기도 많고, 운동도 잘하는 아이로 자라주길 바랐다. 그러나 목표를 세우고 아이를 치열하게 대할수록 모자 관계는 삐걱거렸다. 아이에게 많은 것을 요구하면 나의 마음도 조급해지기 때문이다.

"엄마, 이건 내게 무리예요."

아이가 말이나 행동으로 나타내는 징후를 예민하게 알아차리면서 나는 내가 원하는 것이 아닌 아이가 진정으로 원하는 것을 존중해야 함을 배웠다. 아이를 키우며 마음을 내려놓아야 한다는 진리를 깨달으며, 진료실에서 만나는 청소년 환자들과의 관계도 훨씬 나아졌다. 처음에는 이 아이들이 머리카락으로 이마를 가리고 입을 삐죽이며 고개를 삐딱하게 하면 그 표정이나 눈빛을 읽기 어려웠다. 그러나 내 아이가 성장하고, 어려운 과정을 함께 겪으며 청소년 환자에게 다가가는 일이 이전보다 훨씬 쉬워졌다. 병아리가 알을 깨고 나오듯 각자의 어려운 시기를 인내하며 뚫고 나오는 아이들이 기특하게 느껴졌다.

몇 년간 집 안에 틀어박혀 게임에 빠져 엄마의 마음을 아프게 했던 영준이도, 청진 소리로 흡연을 잡아낼 수 있다는 말에 놀란 눈을 하던 선민이도, 세상이 짜증 나서 다음 생에는 구피 물고기로 태어나겠다는 정인이도, 모두 존중하고 기다려주었을 때 진심을 먼저 꺼내주었다. 영준이는 게임에서 어떻게 벗어날지 고민을 털어놓았고, 선민이는 여자친구 덕분에 금연할 수 있게 되었다며 자랑했고, 정인이는 세상에 대한 불만을 정리해 유튜버로 성공하겠다는 꿈을 나누었다. 아이들의 눈높이에 맞추어 대화하려는 작은 노력이 거리를 좁히고 마음을 여는 열쇠가 되었다. '이거레알 반박불가', 'ㅇㅈ', '혼코노' 아이들의 단어를 메모장에 써서 외운다고 하자, "선생님, 귀여워요"라며 나를 칭찬해주기도 했다.

우리 집에서도, 나의 진료실에서도, 예의를 지킨다면 언제나 말대꾸를 환영한다. 어른의 얘기에 논리적으로 반박하고 대화할 수 있는 청소년의 대화 방식을 존중한다. 그들의 공간에 너무 깊이 들어가지 않고, 한 발짝 떨어져서 바라볼 수 있는 여유, 옆집 아이처럼 대하려는 노력이 있어야 성공적인 대화가 가능하다. 그러다 보면 아이들이 겪는 고민과 두려움이 보이고 이들의 복잡한 세계를 볼 수 있는 시야가 넓어진다.

"옆집 아이 대하듯 하라"는 내 얘기를 들으면 대부분의 부모가 "내 아이는 원래 이런 아이가 아니었다"고 얘기한다. 과거에 착했던 아이를 생각하면, 지금의 아이에게 본능처럼 새어 나오는 욕심과 기대를 접어두기가 좀처럼 어렵다는 것이다. 몸은 컸지만 마음은 아직 덜 큰, 힘든 시기를 보내느라 억울함과 화가 많은 청소년기 아이들을 대하기는 쉽지 않다. 그래서 유년 시절부터 청소년기까지 꾸준히 노력해야 한다. 사람 사이의 관계는 한순간에 나빠지기는 쉽지만, 회복하기는 어렵기 때문이다.

어릴 적 귀엽고 애교 많던 아이들이 사춘기가 되면 이제 더 이상 우리가 알던 아이가 아니게 된다. 꽃잎처럼 예쁜 입술로 파스텔 빛깔의 이야기를 나누던 아이들도 변신할 날이 온다. 부모의 말을 잘 듣는 어린아이를 대할 때에도 '몸은 하나지만, 두 아이를 키운다'는 마음가짐이 필요하다. 어느 날, 상상도 못 한 새로운 모습의 아이가 내 앞에 나타날 수 있기 때문이다. 아이가 어릴 때부터, 번데기가 되어 나비로 날아갈 준비를 하는 사춘기의 모습을 마음에 새겨야 한다.

나에게도 아침 일찍 출근하고 밤늦게 돌아오는 엄마를 위해 전화로 생일 축하 노래를 불러주던 아이들이 있었다. "엄마, 딸기 케이크 만들어줄게요. 우리 집에 놀러 좀 와요"라며 일하는 엄마를 안쓰러워하기도 했고, 자작 세레나데를 오선지에 담아 화장대 위에 올려놓기도 했다. 그러나 나의 아이들 역시 어느새 예전의 웃음 가득한 눈빛은 사라지고, 무뚝뚝한 청년으로 변해버렸다. 크고 작은 산을 넘으며 자연스럽게 나타난 변화였다. 학업 고민, 친구 문제, 예상치 못한 상황들을 함께 겪으며, 나 역시 때로는 실망하거나 속상하기도 했다. 이 모든 변화가 성장의 과정임을 받아들이자고, 그러니 하고 싶은 말의 3분의 1만 하자고 다짐하면서도 쉽지 않았다. 그래서 매일 나만의 루틴을 만들었다. 출근하자마자, 그리고 퇴근하기 직전, 잠시 멈춰 서서 나 자신에게 간단한 메모를 남기는 일이었다.

"기다리자."

"말을 아끼자."

매일 아침과 저녁 열 번씩 쓰고 나면 조금은 덜 조급해진다. 내 아이가 아니라 옆집 아이를 키우듯, 너무 기대하거나 실망하지 않기로 마음먹는다. 마음에 안 드는 말과 행동도, 나 아니면 내가 사랑하던 남편 중 어느 한 사람을 닮은 것이다.

아이들이 어린 시절에 보여주었던 순수한 모습만을 기억하고 있다면 청소년기의 변화를 받아들이기 어렵다. 그때의 아이들은 부모의 말에 귀 기울이고 작은 칭찬에도 크게 기뻐하던 존재이다. 하지만 지금 내 앞의 청소년은 어른의 주장을 반박하고, 자기 의견을 표현하며, 자신의 길을 가고자 한다. 이것이 바로 아이들이 성장하고 있다는 증거이다. 남에게 피해를 주는 일이나 위험한 일이 아니라면 가능한 한 개입하지 않고 아이를 믿어주어야 한다.

남의 집 아이를 보듯, 너무 많은 기대를 걸지 않고, 그저 한 인간으로서 아이를 존중하며 자신의 길을 찾아가도록 기다려주는 것이다. 그렇게 마음을 내려놓을 때, 아이는 스스로 날개를 펼치고 더 큰 세상으로 나아갈 준비를 한다. 부모의 이런 모습을 보는 아이는 우리를 옆집 부모가 아니라 든든한 나무처럼 대해줄 것이다. 자신을 지켜봐주는 존재가 있다는 사실에 안심하며 언제든 기대어 쉴 수 있는 버팀목으로 느끼게 될 것이다.

아이와 나를 위한 씩씩한 다짐

✦ 목표를 세우고 아이를 치열하게 대할수록 관계는 삐걱거린다. 나도 모르게 새로운 기대와 욕심이 생길 때면 되뇌자. "내 아이를 옆집 아이처럼 대하자."

✦ 아이의 공간에 너무 깊이 들어가지 않고 한 발짝 떨어져서 바라보는 여유가 필요하다. '옆집 아이'처럼 대하려는 노력이 성공적인 관계로 이끈다.

커튼 속의 비밀

중학생 은경이의 기침은 일주일 전부터 시작되었다. 처음에는 거슬리지 않는 정도였지만, 점차 소리도 커지고 횟수도 늘었다. 급기야 어느 날 밤, 기침과 함께 울컥울컥 피가 나오기 시작했다. 평소 건강했던 아이가 갑자기 피를 쏟아내자 엄마는 너무 놀라 119에 연락해 바로 응급실로 데려갔다. 병원에서 찍은 CT 결과 은경이의 폐에서는 꽤 심한 염증 소견이 확인되었다.

가장 가능성이 높은 균을 대비하여 응급실에서 시작한 항생제는 다행히 염증의 원인균에 잘 맞았다. 입원하여 항생제 치료를 유지하면서 은경이의 상태는 서서히 나아졌다. 일주일 정도 지나자 기침의 횟수도 줄고 피를 토하는 일도 더 이상 없었다. 가족의 마음도 조금씩 안정을 되찾았다. 폐 사진이 나아진 것을 확인하고 퇴원을 준비하기로 했다. 엄마와 아빠는 안도하는 것처럼 보였지만 은경이의 표정은 어쩐지 그다지 밝지 않았다.

퇴원을 불과 이틀 앞두고 믿기 어려운 일이 벌어졌다. 아침 회진에서 은경이가 밤새 입에서 나왔다며 종이컵을 내밀었다. 컵을 거의 가득 채운 선홍색 피를 보고 우리는 모두 크게 실망했다. 퇴원을 취소하고 집으로 돌아갈 수 없게 된 건 너무도 당연했다. 폐 감염의 재발인지, 다른 새로운 문제인지, 걱정하는 마음으로 혈액 검사와 미생물 검사, CT 촬영 결과를 기다렸다. 아이의 출혈은 매일 새벽마다 반복되었지만 모든 검사 결과는 정상이었다. 낮이면 건강해 보이는 은경이의 모습 역시 이해하기 어려웠다.

이 수수께끼의 비밀은 의외로 쉽게 풀렸다. 새벽마다 환자의 상태를 확인하는 간호사의 라운딩에서 아이가 스스로 수액 줄에서 피를 받아내는 현장이 들킨 것이다. 매일 아침 종이컵에 한가득 담겨 있던 선홍색 액체의 정체는 피가 섞인 수액이었다. 이 일로 아빠와 엄마는 크게 충격을 받았다. 심리 상담을 통해서 그동안 부부 싸움과 남매 사이의 갈등으로 은경이가 얼마나 불안했는지 알게 되었다. 아이는 입원 기간 동안 받았던 보살핌과 애정을 갈구하고 있었다. 병원에서 이어져온 가족의 평화가 집으로 돌아가면 깨질까 봐 우려하는 마음이, 거짓에 대한 죄책감의 무게보다 컸던 것이다.

불편한 상황을 피하고, 과도한 책임에서 벗어나 따뜻한 관심을 받고 싶어 하는 마음. 이 마음이 더 아프기를 바라는 행동으로 이어질 수 있다. 아이는 어른을 통제하거나 자신에게 가해지는 부담을 덜어내려는 '2차 이득secondary gain'을 목적으로 아픈 상태를 지속하려는 것이다.[8] 아이가 아프면 부모의 마음은 찢어지지만 아이는 오히려 아플수록 마음의 안식을 찾는 모순적인 상황이다.

한동안 이유를 찾지 못해 힘들었던 준서의 폐출혈도 원인은 다름 아닌 과도한 학업 부담이었다. 준서는 불편한 상황을 벗어나고 싶은 마음에 입안을 물어뜯었다. 입안이 온통 상처투성이가 되어 피를 철철 흘리며 여러 병원을 헤매는 날들이 이어졌다. 의사도 부모도 원인을 알지 못한 채 병원에서 보내는 시간이 길어졌지만, 아이는 오히려 마음의 평화를 찾았다.

여러 검사 결과가 모두 정상으로 나오고 그 원인이 준서의 심적 고통에서 비롯된 것임을 알았을 때, 가족은 죄책감으로 괴로워했다. 부모는 아이의 괴로움을 오랫동안 몰랐던 것에 대해, 의료진은 이 퍼즐을 푸는 데 오랜 시간이 걸린 것에 대해 안타까워했다. 마치 판도라의 상자를 연 듯한 불편한 순간이었다.

호흡곤란이 심해 숨을 제대로 쉬지 못했던 리원이는 온갖 힘든 검사까지 받고서도 가벼운 천식 외의 원인을 찾지 못했다. 어느 날 밤, 아이는 숨이 전혀 쉬어지지 않는다며 수동식 인공호흡기인 앰부백을 사용한 채 응급실로 실려 왔다. 치료를 받으며 급성 천식은 없어졌지만 간간이 반복되는 호흡곤란은 입원 중에도 한 번씩 리원이를 심하게 괴롭혔다. 한참 시간이 지나 찾게 된 리원이의 원인 역시 힘들고 괴로운 마음 때문이었다.

리원이는 부모의 이혼 후 고모 집에서 지냈다. 익숙하지 않은 환경도 큰 스트레스였지만, 그보다 더한 건 고모 집에서 사촌에게 당한 괴롭힘이었다. 리원이는 이러한 상황을 가족에게 알리지 못하고 혼자서 감당하고 있었다. 걱정을 끼치고 싶지 않은 마음에 아이의 입이 굳게 닫히면서, 숨 쉬기 힘들다는 신호가 대뇌피질로 전달되고, 성대 기능 이상으로까지 이어졌다. 입원 중에 리원이는 엄마와 만나며 조금씩 마음의 문을 열기 시작했다. 엄마와 함께 보내는 시간은 아이에게 큰 위로가 되었다. 엄마도 리원이를 애틋하게 챙겼다. 아이의 증상은 퇴원 후 친척 집에서 몇 차례 반복되었지만 엄마와 함께 살기 시작하면서 완전히 사라졌다.

병원에서 만난, 마음의 상처와 스트레스를 가진 아이들은 내게 많은 교훈을 남겼다. 신체 건강을 돌보는 것만큼이나 아이들의 마음을 살피는 일이 중요하다는 사실이다. 부모의 사랑과 관심에 더해 의료진의 세심한 관찰까지 하나로 어우러져야 아이의 건강을 온전히 회복시킬 수 있다.

그래서 아이를 키우는 일이 어렵다고들 한다. 단순히 먹이고 입히는 신체적 필요를 충족시키는 게 부모 역할의 전부가 아니기 때문이다. 부모라는 이름을 단 순간부터 정서적, 사회적, 교육적 측면까지 수많은 책임이 더해진다. 눈에 보이지도 손에 잡히지도 않는 숱한 의무 속에서 아이가 힘들어 보이면 주변의 시선이 온통 나를 향하는 듯하다.

아이가 아프고 회복하는 과정에서 대부분의 부모가 수없이 많은 고민과 부담을 느낀다. 마음이 아픈 아이를 볼 때도 마찬가지다. 순간순간 비집고 나오는 '나로 인해 아이가 괴롭다'는 자책 때문이다. 아이의 작은 상처에도 마음이 찢어지는 게 부모 심정인데, 숨을 못 쉬고 피를 토한 이유가 내 탓이라니, 부모 마음이 천만 번은 더 무너져 내린다. 잘해보려는 선택이 아이를 사지로 몬 것 같아 괴롭다. 부모라면 모두 이해할 수 있다.

완벽한 부모에 가까워지고자 한다면, 완벽한 부모가 불가능하다는 불편한 진실부터 받아들여야 한다. 오히려 완벽을 추구할수록 긴장과 스트레스가 커지고, 결국 곤경에 빠진다. 과거를 점검하되 자책은 금물이다. 부모도 인간이다. 실수를 하고, 어려움도 겪는 것이 당연하다. 아이가 자라면서 부모가 좌절하지 않는다면, 그리고 조금씩 나아진다면 그걸로 충분하다. 어떤 상황에서도 무너지지 않고 "이전보다 나아지고 있어", "잘될 거야" 스스로에게 말하며 부모의 길을 묵묵히 가는 모습, 그 자체가 아이에게 큰 교훈이다.

어느 날, 대기실에서 기다리는 아이의 컹컹거리는 기침 소리가 진료실 안까지 울려 퍼졌다. 기침은 한참을 지나고도 멈추지 않았다. 다른 아이의 진료를 보면서도 대기실의 기침 소리가 내내 마음에 걸렸다. 마침내 진료실로 들어온 주인공은 성연이었다.

어릴 적 심한 폐렴으로 몇 차례 입원했던 성연이. 회진을 간 병실에서 어린 성연이는 종종 그림을 그리곤 했다. 어느 날 아이가 그린 노란색 굵은 선을 보며, 이게 뭘까, 우리는 답을 맞히려 노력했다. 나뭇가지, 포장 끈, 고무줄…. 하지만 성연이는 계속 고개를 저었다.

"선생님, 이건 김밥이에요."

엉뚱한 아이의 대답에 모두 고개를 갸우뚱했다.

"지금은 단무지인데요. 이제 곧 김이랑 밥 안으로 들어갈 거거든요."

어린왕자 같은 아이의 대답에 병실 천장에서 별무리가 쏟아져 내리는 것 같았다. 보아뱀이 삼킨 코끼리 같은 그림이었다. 어린왕자 책 속의 표현처럼, 이제 어느새 숫자만 너무 좋아하게 된 내 모습을 반성한 순간이었다. 진료실 의자에 앉은 이 무표정한 얼굴의 청소년이 노란색 김밥을 그리던 작고 똑똑한 아가씨라니 믿을 수 없었다. 나는 애써 미소를 지으며 기침이 언제부터 시작되었는지 말을 걸었다. 성연이는 기관지염과 습관성 기침에 대한 감별이 필요한 상황이었다. 아빠와 엄마가 안심할 수 있도록 약 복용과 관리

방법을 함께 설명했다.

"학교에 가면 상태가 나빠지는 것 같은데 아이가 받는 스트레스도 영향이 있을까요?"

"그럼요. 스트레스는 면역 체계에 영향을 주고 알레르기 증상도 나쁘게 하는 경우가 많아요."

성연이 엄마는 깊게 한숨을 쉬며 말했다.

"아이가 최근 시험 때문에 스트레스를 많이 받았어요. 공부량이 많아진 데다 수행 평가도 겹치고 친구 관계도 힘든 것 같아요. 학원도 학교도 잘 안 가려고 하길래 뭐라고 했더니 방에 틀어박혀 가족이랑 말도 안 해요. 그 이후로 기침도 더 심해지고요. 원래 말도 잘 듣고 애교도 많아서 다른 엄마들이 부러워했는데, 이런 걸로 속을 썩이다니 믿을 수가 없어요."

나는 아이의 스트레스를 줄이도록 함께 배려하는 게 좋겠다고 말하고 다음 외래를 잡았다. 한 달 후, 진료실에서 다시 만난 성연이의 기침은 여전했다. 더구나 표정은 이전보다 더 침울하고 우울해 보였다.

"스트레스가 안 좋다고 해서 한 달 동안 학교에 안 보냈어요. 그동안 우리 부부가 너무 목표를 높게 잡고 억지로 끌고 가려고 했던 것 같아서 반성을 많이 했거든요. 그래서 스트레스를 아예 없애준 건데…. 집에서 하고 싶은 대로 다 하게 놔두었는데도 신경은 더 날카로워진 것 같아요. 기침도 그대로 심하고. 점심쯤 일어나 밥

먹고 눈이 아플 때까지 게임만 하는데 뭐가 문제일까요? 주변에 안 보이게 책도 다 치우고 학업 스트레스는 하나도 없는 것 같은데 애가 전보다 나아지지 않으니 더 초조해요."

어떻게 지냈는지 묻는 내게 성연이는 어두운 표정으로 말했다.

"학교에 안 가니까 처음에는 좋았죠. 그런데 지금은 훨씬 더 답답해요. 제가 망가지는 것 같아서 짜증도 나고요. 이제 공부도 너무 뒤처져서 못 따라가는 건 아닐까요? 학교를 안 갈수록 스트레스가 더 큰 것 같은데 어떻게 하죠? 기분도 안 좋고 기침도 계속 똑같아요."

아, 이런 상황까지 예측하지 못한 내 잘못이었다. 학업 부담을 덜어주자는 의미가 학교에 보내지 않고 아무것도 시키지 말라는 뜻은 아니었다. 아이는 학교에 가지 않으면서 더 외롭고, 미래에 대한 불안감이 커졌다. 오히려 아이의 마음을 편하게 하는 데는 최소한의 학업과 규칙적인 생활이 도움이 될 수 있다. 밀고 당기는 관계, '밀당'이 연인 사이에서만 필요한 것이 아니다. 부모와 자녀 사이에서도 너무 잡아당겨 끊어지지 않도록 하면서, 너무 느슨하게 밀어내어 방임이 되지 않도록 하는 균형이 필요하다.

성연이의 부모는 문제 상황에 대해 학교와 상담을 하고 아이의 감정 표현을 격려하며 일상으로 돌아가는 연습을 했다. 집에서는 최대한 간섭을 줄이고 학원 스케줄을 조정했다. 주기적으로 아이와 대화하며 전문적인 심리 평가도 받았다. 다행히 성연이의 검사 결과는 모두 정상이었고, 몇 달 정도 시간이 지나며 증상이 나아졌다. 어린왕자로 돌아가지는 못했지만, 숫자를 사랑하는 어른들과 타협하고 그 속으로 들어가기 위한 성장통을 잘 견뎌낸 것 같다.

아이가 힘들어한다고 해서 스트레스가 하나도 없는 '유토피아'를 만들어주는 건 불가능하다. 스트레스의 무게를 가늠해 적절히 덜어주고 때로는 발전을 위해 밀어주는 일이 반복되어야 한다. 이렇게 중간 지점을 찾는 것이 중요하다. 그래야 아이에게 적절한 지지와 자유 사이에서 균형을 찾을 수 있다. 과도한 통제는 아이의 자율성과 창의성을 억압하고, 지나친 방임은 아이에게 책임감을 뺏는다.

심하게 경쟁을 유도하고 몰아붙이면 아이는 지쳐 쓰러지고, 편안함만 강조하면 미래를 위한 동력을 잃는다. 중간 지점을 찾기 위해 부모는 아이의 감정을 공감하고, 의견을 존중하면서도 명확한 규칙과 한계를 설정해야 한다. 물론, 어려운 일이다. 하지만 바로 이런 어려운 일을 해내는 모습을 보여주는 것이야말로 멋진 부모이다.

나 역시 아이가 학업으로 스트레스를 받을 때는 쉬도록 했지만 그 기간이 너무 길어지지 않도록, 완전히 손을 놓지 않도록 신경 썼다. 목표에서 너무 멀어지면 오히려 새로운 스트레스가 생기는 걸 경험했기 때문이다.

고등학교 3학년 중간고사를 망친 아이가 기말고사를 앞두고 심기일전하던 때였다. 하굣길에 넘어져 바닥을 짚은 팔이 부어오르기 시작했다. 심상치 않은 모습에 찍어본 엑스레이에서 손목 두 군데의 골절이 선명하게 보였다. 아이는 실망했고, 그 모습을 지켜보는 나도 마음이 아팠다. 하지만 계속 기운이 빠져 있기에는 시험까지 남은 시간이 얼마 되지 않았다.

"그래도 왼쪽 팔이라 다행이야."

아이는 한 손으로 책장을 넘기고, 가방을 챙기고, 왼손을 대신하는 방법에 집중했다. 시간을 투자하는 수밖에 없다며 매일 의지를 불태우더니 먹고 자는 시간까지 아껴 공부하는 모습을 보였다. 실제로 중간고사보다 훨씬 향상된 점수를 받은 아이는 "다치지 않았다면 이 점수를 못 받았겠다"라며 평소보다 더 예쁘게 웃었다. 내게 반가운 건 기말고사 성적보다도 이 경험으로 더 강해지고 어른스러워진 아이의 모습이었다.

힘들 때마다 별것 아닌 "다행이야"라는 한마디가 큰 도움이 된다. '의미 찾기 게임'처럼 회복탄력성을 끌어 올려주는 주문이다. 나 역시 "지금이라도 알게 되어 다행이야", "보호자의 마음까지 알게 되어 다행이야"라고 자주 말한다. 아이에게 실망하는 순간에도 "마음을 내려놓을 수 있어 다행이야"라는 말을 계속해서 외운다. 힘든 일로 고민할 때 "이 일로 더 씩씩해져 다행이야" 되뇌다 보면, 의미 있는 일들만 생기는 마법이 펼쳐진다. 이도 저도 찾을 만한 의미가 없을 때는 "그래도 내 옆에 아이가 있어 다행이야"라며 스스로에게 말한다.

힘든 일상의 보물찾기는 실제 심리학에서 '리프레이밍reframing'이라고 하는 중요한 개념이다. 정해진 틀을 변화시켜 다른 관점에서 새롭게 의미를 부여하는 것이다. 앞으로 나아가고 발전하는 데 방해가 되는 나쁜 생각을 이러한 훈련으로 걷어버릴 수 있다. 이것이야말로 삶을 아름답게 채워가는 보물이다. 내 삶의 의미를 발견하고, 내 아이의 회복탄력성이 높아지는 모습을 보는 것보다 더 큰 보물은 없을 것이다. 의미를 찾는 일이 어렵다면 힘들었던 과거를 떠올릴 수도 있다. 그러면 '지금이 다행이야' 저절로 미소가 번질 것이다. 플라세보 효과처럼 긍정적인 생각만으로도 우리 삶은 분명히 아름다워진다.

은경이도, 준서도, 리원이도 지금은 아주 멋진 청년이 되었다. 은경이는 간호학과에 진학하여 예비 의료인이 되었고, 준서는 기업체의 유능한 사원으로 일하고, 리원이는 외국어 공부에 전념하고 있다. 모두 그들 옆에 과거의 잘못을 멋지게 인정하고, 실수를 교정해 모범을 보인 아름다운 부모가 있었기 때문이다. 좋은 부모는 실수하지 않는 부모가 아니라, 과거를 점검하며 더 나은 미래로 씩씩하게 나아가는 부모다. 힘든 청소년기를 지났지만, 함께 잘 극복해낸 이 아이들은 미래에 더 멋진 부모가 될 수 있을 것이다. 힘든 시기 자신이 받았던 사랑을, 더 큰 사랑으로 자녀에게 내어줄 수 있는, 누구보다 회복탄력성이 좋은 부모가 될 것이다. 지금 우리가 아이들을 키우며 느끼는 행복을, 우리 아이들도 더 크게 느낄 수 있으리라 확신한다.

아이와 나를 위한 씩씩한 다짐

- 좋은 부모는 실수하지 않는 부모가 아니라, 과거를 점검하며 더 나은 미래로 씩씩하게 나아가는 부모이다.
- 과도한 통제는 아이의 자율성과 창의성을 억압하고, 지나친 방임은 아이에게 책임감을 뺏는다. 적절한 지지와 자유 사이의 중간 지점을 찾는 일이 중요하다.

집착하지 말고,
집중합시다

일찍 태어난 첫아이를 신생아 중환자실에 보내던 날은 내 인생에서 가장 괴로운 순간이다. 평생 잊을 수 없을 것이다. 아기의 퇴원을 준비하면서 내가 제일 먼저 한 것은 부족한 모유를 대신할 분유를 고르는 일이었다. 누구보다 씩씩하고 합리적이라 생각하던 내가 골랐던 분유는 시중에서 가장 비싼 유기농 제품이었다.

"이름을 지어 두고 옆에서 불러주지 못했던 내 아기. 드디어 엄마, 아빠 품으로 오는구나."

혼자 중환자실에서 힘겹게 싸워온 아이가 집으로 돌아온다는 기쁨에 더해, 나 때문에 아픈 데다 모유도 제대로 못 먹였다는 죄책감이 최고의 것을 주려는 마음으로 이어졌다. 이때만 해도 아낌없이 주고 싶은 부모의 마음이 어떤 영향을 미칠지 알지 못했다.

시간이 지나면서 예민한 아이는 유기농 분유 맛에 익숙해졌고, 다른 분유를 먹이려고 시도할 때마다 강하게 거부했다. 아이가 자라는 모습을 보는 기쁨만큼이나 매달 비싼 분유를 구매하는 비용은 꽤 큰 부담이었다. 그러던 어느 날, 유기농 분유의 생산에 차질이 생겨 품절 사태가 벌어졌다. 여러 매장을 돌아보고도 분유를 구할 수 없게 되어 우리 부부는 앞이 막막해졌다. 아이는 이미 익숙해진 맛 외에는 거부하며 울기만 했다. 그제야 나는 처음에 왜 비싼 분유를 고집했을까 하는 후회가 밀려왔다. 부모의 죄책감과 완벽주의가 오히려 문제를 만든 것은 아닌지 반성하게 되었다. 아이에게 선물하려던 건강과 행복이 꼭 비싼 제품을 통해서만 이루어지는 것은 아닌데 말이다.

초보 엄마였던 나는 아이의 건강에 집중하는 일이 먹거리 하나하나에 집착하는 것과 같다고 생각했다. 아이의 건강만큼이나 중요한 다른 것들은 제대로 보지 못한 채 말이다. 아이에게 최고의 것을 주고 싶은 마음은 모든 부모가 같다. 하지만 그 마음이 지나쳐 현실을 간과하면 결국 아이와 부모 모두에게 부담으로 돌아온다. 부모로서의 역할은 아이에게 무조건 최고의 것을 주는 것이 아니라, 가족 모두에게 가장 적절한 선택을 하는 것이다. 두 아이를 키우며 진료실에서 만나는 부모들에게 자신 있게 말할 수 있다. 아이에게 필요한 것은 비싼 제품이 아니라 부모의 따뜻한 사랑과 관심이라고 말이다.

초등학교를 다니며 천식과 비염으로 진료를 받았던 환자가 스무 살 성인이 되어 다시 진료실을 찾았다. 간간이 기침과 재채기가 있었지만 증상도 심하지 않고 진찰 소견도 모두 정상이었다. 환자와 보호자를 안심시키며 나는 알레르기와 천식에 대한 몇 가지 검사를 받도록 했다. 문제가 있으면 내과로 연계하여 치료를 받도록 돕겠다고 했다. 환자가 자신의 증상에 대해 말할 때마다 말을 끊고 부연 설명하던 엄마는 걱정스러운 표정으로 말했다.

"선생님, 우리 아기가 정말 괜찮을까요? 제가 뭘 더 해줘야 할까요? 지금은 괜찮아 보여도 다시 나빠질까 봐 너무 걱정이에요. 제가 임신했을 때 고생도 많이 하고, 모유수유도 얼마 못 했거든요."

엄마와 아이의 관계는 마치 아메바 같다. 한 몸이던 생물체가 일정한 크기가 되면 갈라져 두 개체로 나뉘어 새로운 생활을 시작하는 모습이 부모, 자녀 사이와 닮았다.

"언제쯤 아이에 대한 걱정이 덜해질까요?"

많은 선배 부모에게 물어보면 대부분 "스무 살, 서른 살이 되어도 부모 마음은 같다"고 대답한다. 스무 살이 되어 이제 성인이 된 자녀가 아직도 '아기'처럼 느껴지는 것은 어찌 보면 당연한 일이다. 부모의 걱정이 끝이 없다 보니 자녀가 출산한 이후에는 '자녀의 자녀'에 대한 걱정까지도 이어진다. 진료실에서 아이 하나를 데리고 온 부모, 조부모, 외조부모, 고모, 이모까지 불안한 어른들 여럿이 함께 모여 있는 경우도 드물지 않다. 그러나 이제는 스무 살이 된, 엄마보다 덩치가 큰 청년을 완전한 독립적인 개체로 인정해야 하지 않을까?

육아의 최종 목표는 '아이의 자립'이다. 자녀가 성장하며 독립적인 존재로 살아갈 수 있도록 돕는 것이 부모의 역할이다. 자녀가 스스로 자신의 길을 찾고, 삶을 책임지며 살 수 있도록 신뢰와 지지를 보내는 것으로 충분하다. 물론 부모의 걱정은 쉽게 사라지지 않겠지만 자녀의 자립을 위해서라면 마음을 다잡고 그들을 믿어야 한다.

아픈 아이를 과도하게 걱정하며 집착으로 이어지면 아이의 독립성 발달을 방해하고, 아이를 불안하게 만든다. 아이에 대한 걱정이 오히려 아이를 망칠 수 있다. 삶의 도처에서 아이를 기다리는 온갖 많은 문제들을 스무 살, 서른 살이 넘어서까지 부모가 따라다니며 해결해줄 수는 없지 않은가?

명망 있는 학술지인 〈네이처〉에는 엄마와 아기 사이에 장내 미생물을 약 50퍼센트나 공유하고 있다고 보고하였다.[9] 열 달 동안 엄마 배 속에서 하나의 생명체였던 아이가 내 몸의 일부처럼 느껴지는 것이 당연하다. 그래서 엄마는 아이의 건강에 조금이라도 이상이 있으면 출산 전으로 거슬러 올라가 자기반성부터 하게 된다.

임신 기간 동안의 스트레스와 먹거리를 되짚으며, 아이에게 뭘 잘못 먹인 건 아닌지 자책한다. 특히 모유수유는 많은 엄마들에게 죄책감을 자극하는 요소이다. 진료실에서 만난 스무 살 아들의 엄마 역시 충분히 모유를 먹이지 못한 마음의 짐을 지고 있었다. 하물며 돌 전 아기의 엄마 마음은 오죽할까?

아토피 클리닉을 찾은 원준이의 아토피피부염은 아주 심한 편이었다. 7개월 꼬마의 온몸은 화상을 입은 듯 뒤집어져 낯선 사람도 돌아볼 정도였다. 아토피가 있었던 엄마는 모든 게 자기 탓인 것 같았다. 훌쩍이는 그녀를 달래고 나는 피부 관리법부터 점검했다. 알레르기 음식도 철저히 제한하고, 아이에게 맞는 약도 처방했지만 피부 상태는 좀처럼 나아지지 않았다. 나는 모유를 끊으면 어떨지 제안했다. 대부분 괜찮지만, 극도로 예민한 아기에게는 모유의 성분이 알레르기의 원인이 되기 때문이었다. 피부 관리에 모유수유까지 더해진 엄마의 부담도 줄일 수 있었다. 하지만 단유 얘기에 그녀는 크게 실망했다.

"아토피 아이는 힘들어도 모유를 먹어야 한다고 해서요. 저만 참아서 되는 거면 음식도 더 열심히 가려 먹을게요."

모유는 영양 만점에 아토피와 천식을 예방한다고 알려져 있다. 그래서 많은 엄마들은 모유를 끊는 것이 엄마 역할을 포기하는 것처럼 느낀다. '완모 실패는 엄마의 부족한 의지 탓'이라는 얘기에,

모유수유는 아기의 건강을 넘어 엄마의 모성을 증명하기 위한 목표가 되어버린다.

"괜찮아요. 저도 그랬어요. 젖 먹이는 일 말고도 엄마가 해줄 수 있는 일은 아주 많아요. 모유 대신 아기 건강에 필요한 다른 일에 더 집중하면 돼요. 우리 아이들도 모유는 한 달만 먹었는데 아이도 건강하고 저랑 사이도 좋아요."

특수 분유로 바꾸고 나서 원준이의 피부는 훨씬 나아졌다. 하지만 엄마의 표정은 여전히 어둡고 기운이 없었다. 낮이면 독박 육아에, 밤이면 아기가 긁을까 봐 보초를 서느라 잘 수 없었다. 휴식도, 퇴근도, 숙면도 없는 삶이었다. 나는 진료실 밖에 있던 아빠를 호출했다. 그리고 단호하게 엄마표 이유식에서 시판 제품으로 바꾸고 매주 하루라도 엄마를 무조건 집에서 내보내도록 처방했다. 세심하지 못한 아빠의 손길로 아이의 상태가 나빠지더라도 엄마가 돌아와 더 잘 돌보면 되는 일이었다.

모유수유 한 가지가 빠졌거나 엄마가 매일 아이에게 100퍼센트 최선을 다하지 못한다고 해서 기죽을 필요가 없다. 다른 방법으로 충분히 잘할 수 있다. 만성질환 관리와 육아에는 모두 긴 호흡이 필요하다. 아이의 엄마로, 오늘 하루만 사는 것이 아니기 때문이다. 하루하루만 바라보지 말고 긴 여정을 준비해야 한다.

엘리트 마라톤 선수들도 중간중간 수분과 전해질을 보충한다. 부모 역시 42.195킬로미터를 한걸음에 달리겠다는 생각은 위험하다. 화장실에 가는 순간에도 아이를 데려가야 할 만큼, 눈도 떼지 못하고 하루 종일 집중하는 육아는 너무 힘든 게 당연하다. 하지만 아이에게는 지금보다 앞으로 부모의 도움이 필요할 날들이 훨씬 더 많다. 부모의 건강은 아이의 건강과 행복에 필수적이다.

온전히 나를 위한 에너지를 충전해야 번아웃을 막을 수 있다. 아무도 방해하지 않는 잠도 좋고, 휴대폰을 봐도 좋다. 친구와 맛집을 찾거나, 취미 생활을 가져도 좋다. 잠깐이라도 나만의 시간, 한숨 돌릴 수 있는 힐링의 시간을 가지면 아이와 가족에게 더 즐거운 마음으로 집중할 수 있다. 그 결과는 지친 엄마의 손길보다 훨씬 더 효과적이다.

나 역시 어린 아들과 낯선 병으로 고생하는 환자들을 돌보느라 지친 날에는, 모든 일상을 잠시 뒤로하고 도피할 수 있는 곳을 찾았다. 백화점에서 나를 위한 선물을 사기도 하고, 미용실에서 호사를 누리기도 하고, 서점 한구석에서 전공과 상관없는 책 속에 빠져들기도 했다. 아이를 재워놓고, 달달한 로맨스 드라마를 몇 회씩 몰아보며 울다 웃었다. 그것마저 힘들면 '미용실 놀이'의 손님이나 '숲속 동화나라 놀이'의 잠자는 공주 역할을 자청하며 꿀잠에 빠지기도 했다. 그렇게라도 지친 나를 위로하지 않았다면 엄마, 아내, 딸, 의사, 교수의 역할 중 몇 개는 이미 내던져 버렸을지도 모른다.

아이를 키우며 깨달은 것은, 부모가 행복해야 아이도 행복하다는 사실이다. 부모가 잘 먹고 잘 자고 건강해야 아이도 건강하게 자랄 수 있다. 작은 실수나 부족함 때문에 부모의 사랑이 옅어지지 않는다. 오히려 부모가 자신을 돌보고 회복하는 모습을 보여주는 것만으로도 아이에게 중요한 삶의 교훈이 된다. 크리스틴 네프 교수의 저서《러브 유어셀프》에서 "나를 소중히 여기는 마음이 있어야 다른 사람을 귀하게 여기는 마음으로 발전한다"는 메시지에 완전히 동의한다. 자신을 사랑하고 연민의 마음을 가질 때 옥시토신 호르몬이 분비되어 불안과 두려움이 줄어들고, 긍정적인 감정이 되살아난다는 그의 연구 결과를 나도, 진료실에서 만난 원준이 엄마도 몸소 느낄 수 있었다.

다음 외래에서 만난 원준이 엄마의 얼굴은 눈에 띄게 밝아졌다. 아이의 피부 역시 이전보다 훨씬 나아졌다. 그날 엄마는 진료실을 나가기 전 촉촉한 눈으로 내게 말했다.

"선생님, 정말 감사해요. 아이도 나아졌지만, 저를 살려주셨거든요. 아이만 생각하느라 저 자신을 잊고 있었던 것 같아요."

2024년 유엔 〈세계 행복 보고서〉에 따르면 우리나라 행복지수는 10점 만점에 6.058점으로, 조사 대상 국가 143개국 중 52위에 해당한다고 한다.[10] 이는 많은 사람들이 더 행복한 삶을 찾기 위해 고민하고 있다는 사실을 보여준다. 마틴 셀리그만의《긍정심리학》에 따르면 대부분의 사람들이 진정한 행복이라고 여기는 것은 일, 사랑, 자녀 양육, 여가 활동을 하면서 자신의 장점을 찾고 개발하는 과정이다. 심지어 인생의 바닥을 경험하는 순간에도 힘든 삶을 벗어날 수 있다는 희망이 긍정적인 약과 같은 역할을 한다고 강조했다. 이 과정에서 보면 출산과 육아야말로 행복과 웰빙의 핵심 요소인 사랑, 긍정적인 감정, 몰입, 관계, 의미, 성취 모두와 밀접한 관계가 있는 것 같다. 아직 우리나라에 부족한 행복지수를 올리려면 아이와 함께하는 삶을 더 강조해야 하는 건 아닐까.

반대로 양육 과정에서 느끼는 죄책감이야말로 부모의 정서적 스트레스를 가중시키고, 행복으로 가는 길에서 멀어지게 만드는 요인이다. 심한 죄책감은 집착으로 이어진다. 부모는 부모됨에 '집착'하기보다 '집중'해야 한다. 사전적 의미로 집착은 "늘 마음이 쏠려 잊지 못하고 매달리는 것"이고 집중은 "한곳을 중심으로 하여 모으는 것"이다. 아이의 양육과 건강에 내 마음을 모을 수 있지만, 거기에 너무 매달려 빠져나오지 못하면 문제가 된다. 아이를 어떻게 키울지에 '집중'해야지, '집착'은 오히려 아이를 망칠 수 있다. 사랑하되, 집착하지 않기 위해 마음의 균형을 찾아야 한다.

어린아이를 돌보는 일은 당연히 쉽지 않다. 더구나 아토피, 알레르기, 호흡기 질환처럼 만성질환이 있는 아이를 키우는 부모의 양육 부담은 훨씬 더 크다. '내가 왜 이러고 살아야 하나' 하는 생각마저 든다. 내 아이는 '나'의 아이이기 때문에 귀하다. 아이를 사랑한다면 나부터 사랑해야 한다. 내 인생이 소중해서, 내가 행복하려고 낳은 아이다. 조금 마음을 내려놓고 키운다고 해서 아이를 방치

하는 것은 아니다. 부모의 몸과 마음이 건강한 상태에서 원칙에 따라 양육하고, 문제가 생기면 최선을 다해 해결하는 자세로 충분하다는 의미이다.

아이가 아무리 중요해도 내 마음을 온전히 다 뺏긴다면, 아이에게 필요한 가치를 제대로 전달할 수 없다. 중심을 잡고, 부모됨에 집중해야 하는 이유이다. 부모 역할에 집중하기 위해 미안한 부모 말고 오늘부터 조금은 더 당당한 부모가 되자. 그래야 긍정심리학에서 말하는 것처럼 일, 사랑, 자녀 양육, 여가 활동에서 자신의 장점을 찾고 개발하며 진정한 행복을 추구할 수 있다. 부모가 집착에서 벗어나 스스로 행복할 때, 그 행복이 아이에게도 전달된다. 그리고 아이는 더욱 긍정적인 환경에서 자랄 수 있다.

부정적인 생각과 과도한 걱정을 줄이는 방법

자동적으로 부정적인 생각이 떠오르고 과도한 걱정으로 이어진다면 노력으로 바꿀 수 있다. 스스로 생각을 조절하여 문제를 이해하고 해결할 수 있도록 돕는 '인지행동치료'의 과정을 따라 해보는 것이다. 사람의 감정과 생각, 행동은 서로 밀접하게 연관되어 있다.

- ▢ **아이에게 어떤 일이 생겼을 때 자동으로 떠오르는 부정적인 생각이 무엇인지 먼저 점검한다. '감기가 폐렴으로 진행될까 봐 내가 불안하구나', '알레르기 증상이 심해져 위험해질까 봐 걱정이 많이 되는구나' 등 지금 어떤 생각이 드는지, 내 기분이 어떤지, 스스로에게 공감하는 것으로 시작한다.**

- ▢ **이런 감정이 나와 가족에게 어떠한 영향을 미치는지 평가한다. '내가 과도하게 불안해하면 아이에게 올바른 결정을 못 하고, 약을 쓰는 것도 주저해서 오히려 아이의 건강에 해가 될 수도 있어', '내가 쓸데없이 심하게 걱정하면 아이의 정서에도 문제가 생기고 온 가족이 내 눈치를 보고 힘들어지지'라고 객관적으로 판단하는 것이다.**

- ▢ **이 상황에서 나의 롤 모델이라면 어떻게 생각할지, 내가 다른 사람에게 충고한다면 뭐라고 할지 떠올려본다. '걱정이 많은 이웃 엄마에게 나라면 이렇게 얘기해주겠지. 아이가 아파도 합병증이 생길 가능성은 적다고, 병원에서 치료를 잘 받으면 된다고, 아이**

들은 아프면서 크는 거라고', '지난번 담당 의사가 아나필락시스 가 생겨도 자가 주사약을 잘 쓰면 위험한 반응이 안 생긴다고 했어. 약 부작용도 거의 없다고, FDA 승인을 받은 약이라고 했어.' 이처럼 자신의 감정과 생각의 잘못된 고리를 교정한다.

▢ 다음에 또 비슷한 상황이 생기면 자동으로 떠오르는 부정적인 생각 대신 새로운 사고를 적용하고 유지하는 연습을 한다.

▢ 심호흡이나 명상을 함께 할 수 있다면 불안한 마음을 줄이는 데 더욱 도움이 된다.

동행,
더 빛나는 여정

지나고 보니 육아는 마라톤보다 긴 여행에 가깝다. 힘들어도 무조건 참고 남보다 빨리 골인하는 것이 목표가 아니기 때문이다. 여행과 육아 모두 가장 설레는 때는 시작하기로 마음먹은 그 순간이다. 어디로 갈지, 무엇을 할지, 어떻게 지낼지, 사랑하는 사람과의 계획만으로 마음이 간질간질해진다. 아이를 계획할 때, 둘이 셋이 되고, 셋이 넷이 될 거란 생각만으로 마냥 기대에 부풀었던 것 같다.

두 아이의 태명을 이것저것 짓던 때가 떠오른다. 성에 붙여 웃긴 단어들이 모두 태명 후보가 되었다. 별것 아닌 단어를 하나씩 불러보고 뭐가 그리 재밌는지 많이도 웃고 즐거웠다. 새로 태어날 아기와 어떻게 알콩달콩 살아갈지 꿈에 그리다, 아이와 처음 대면한 순간은 정말 여행과 많이 닮아 있었다. 여행지에 도착한 그 순간, 세상이 밝아진 듯 스스로가 뿌듯해지던 느낌이다. 하지만 여행 과정은 결코 순탄하기만 하지 않다.

갑자기 예보에 없던 비가 쏟아지고, 예약한 기차를 놓치기도 한다. 말이 통하지 않아 답답하고, 몸도 피곤하고, 때로는 험한 산과 강줄기를 지나다 다치기도 한다. 동행자 때문에 싸우기도 하고 또 그 덕분에 행복해지기도 한다. 육아도 마찬가지다. 계획하지 않은 일이 생기고, 예기치 못한 어려움도 닥친다. 나 역시 그럴 때마다 당황했다. 거기에 더해 여행의 동반자, 남편과 대화하다 언성이라도 높이는 날이면 하루 일정을 망친 여행객처럼 우울함이 바닥을 치곤 했다.

진료실 문이 열리자 7개월 된 정원이를 품에 안고 기저귀 가방을 옆에 맨 아빠의 모습이 보인다. 눈빛부터 결연한 의지가 배어 나온다. "안녕하세요?" 내가 인사를 건네자 휴대폰을 든 손부터 내민다. 휴대폰의 메시지 창에는 1번부터 번호를 매긴 엄마의 메모가 빼곡하다.

1. 보습제는 크림 말고 로션으로 두 개 처방받기

2. 먹는 약은 집에 4주 치 남아 있음

3. 지난주 두드러기 사진 보여주고 이유 물어보기

4. 이유식 방법 확인하기

5. 열나면 어떻게 해야 하는지?

6. 어린이집은 보내도 되는지?

7. 다음 검사 일정 확인하기

8. 검사받는 날 아빠가 가도 괜찮은지 확인하기

9. 다음 예약은 가능하면 금요일 오후로 하기

10. 추가로 나눌 얘기 있으면 휴대폰 연결 부탁하기

이날 아빠의 의무는 아이를 병원까지 안전하게 잘 데려가 의사에게 보여주고 지시사항을 그대로 전달하는 것이었다. 엄마가 작성한 쪽지 속 리스트의 미션을 하나도 빼먹지 않아야 임무는 비로소 끝이 난다.

"오늘 대화가 '안녕하세요', '안녕히 가세요', 딱 두 마디네요."

내 말에 아이 아빠도 옅은 미소를 보인다.

"아내 비위를 맞추지 못하면 온 집안에 찬바람이 불거든요."

"아이가 아빠 품에서 너무 편해 보이네요. 아이를 잘 보는 아빠가 많이 든든하고 고마울 것 같아요."

나의 칭찬에 기분이 나아진 정원이 아빠는 아내와의 대화가 힘들다며 속내를 털어놓는다. 육아 가치관이 부딪혀서 자꾸 싸우게 된다는 것이다. 옷을 한 겹 입힐지, 두 겹 입힐지, 밥을 먹이고 목욕을 시킬지, 목욕을 시키고 밥을 먹일지, 별것 아닌 갈등에 힘들다는 얘기가 나에게도 와닿는다. 나의 젊은 시절 남편과의 갈등을 보는 듯하다.

"부부가 서로 의견이 다른 건 자연스러운 일이에요. 저도 그랬어요. 중요한 건 어떻게 조율하냐죠. 진심을 담아 말하면 엄마도 이해하지 않을까요?"

아빠는 망설임 없이 고개를 절레절레 흔든다.

"아니요. 저는 애가 아픈 것보다, 애 엄마가 불편한 게 더 싫어요. 그 사람이 짜증 나면 가족 전체가 힘들어지는 게 뻔하거든요. 아내가 예민해지는 상황은 어떻게든 피하고 싶어요."

젊은 시절 입을 닫았던 남편의 모습이 떠올라 정원이 아빠가 더 안쓰럽게 느껴졌다. 아빠도 엄마만큼이나 힘든 시간을 보내고 있을 것이다. 누구나 몸이 힘들면 마음도 예민해진다. 육아는 모두에게 피곤하고, 수면을 방해하며, 긴장되는 일이다. 게다가 이제껏 자유로웠던 두 사람에게 육아와 가사 분담은 구속과 같다. 사소한 말에도 쉽게 상처받고, 작은 의견 차이도 공격으로 느껴진다. 그래서 어린아이를 키우며 아이가 아프기까지 하면 두 사람 사이의 관계가 쉽게 틀어진다. 사랑하던 두 사람이 달라져서가 아니라 환경이 바뀐 탓이다.

연애 시절과 신혼 초에 최고조를 찍은 둘 사이의 만족도가 아이가 태어나면 하향 곡선을 그리다가, 아이가 크면 다시 나아진다고 한다. 맞는 말이다. 이유식이 끝나고 편하게 사 먹일 수 있는 두 돌 쯤 서로에 대한 원망이 줄고, 아이가 자기 일을 제법 해내는 초등학생이 되면 서로에 대한 연민이 생기고, 아이가 중학생이 되어 집에 있는 시간이 적어지면 메말랐던 애정까지 싹튼다.

그래서 상대의 예민함을 있는 그대로 받아들이고, 진료실에서 아내의 메시지를 휴대폰에 담아 건네는 남편의 노력을 아내도 인정하고 고마워해야 한다. 나는 다음번 외래에서 만난 정원이 엄마에게 잊지 않고 말했다.

"엄마는 복이 많으신 분이네요. 이렇게 열심히 아이를 함께 봐주는 아빠가 있으니 얼마나 든든해요?"

정원이 엄마는 잠시 생각에 잠기더니 고개를 끄덕였다.

"그러게요. 제가 너무 당연하게 여기고 있었네요. 교수님 얘기를 들으니 새삼 고맙다는 생각이 들어요."

민정이 엄마는 진료실에서 아빠의 눈치를 살피느라 지난달 아이의 증상이 어땠는지 묻는 내 질문에 제대로 대답하지 못한다. 아이는 세 살 무렵 기침과 쌕쌕거리는 호흡으로 응급실을 여러 차례 찾았다. 천식으로 진단을 받고 두세 번 입원하면서 집안 식구들의 일 순위 임무는 민정이의 건강을 위한 환경 관리였고, 아빠의 엄격한 리더십은 극에 달했다. 아이가 초등학생이 되고 상태가 많이 나아졌지만 언제라도 다시 나빠질까 아빠의 불안은 쉽사리 가라앉지 않았다. 아이의 검사 결과에서 개 알레르기까지 확인되고 나서는 모두가 강아지 목욕과 털 관리로 더 분주해졌다. 민정이네가 찾는 날, 내가 가장 신경을 쓰는 일은 어릴 때처럼 다시 나빠질 일은 거의 없을 거라고 안심을 시키며 다독이는 일이었다.

하지만 다음 외래에서 기침이 많아진 아이의 상태를 확인하며 천식약을 늘려 보자는 내 말에 엄마는 왈칵 눈물을 쏟았다.

"선생님, 사실 제가 너무 힘든 건 아이 상태보다 남편 눈치를 보는 일이에요. 천식 증상이야 약을 쓰면 낫겠지만 남편 예민한 건 어떻게 할 수가 없어요. 아이가 기침을 한 번이라도 하면 저희 집은 초긴장 상태예요. 온통 아빠 눈치만 보죠. 집에 먼지가 한 톨도 없어야 하고, 모든 창문은 항상 닫혀 있어야 해요. 습도가 한 치라도 어긋나면 아이가 나빠진 게 모두 제 탓이라고 남편이 얼마나 화를 낸다고요. 남편 눈에는 아이만 보이고, 제가 힘든 건 보이지 않나 봐요."

"아빠가 우리 강아지도 다른 집에 보내버렸어요."

강아지가 떠나고 한 달 넘게 울었다는 모녀는 아빠 없는 자리에서 속상한 마음을 한참이나 털어놓았다.

부부 사이의 갈등은 서로에게만이 아니라 아이에게도 상처를 남긴다. 자신의 병과 상황에 좌절하는 아이에게 부모의 갈등을 일으켰다는 심리적 고통까지 더해진다. 결국 아이에 대한 걱정에서 시작된 갈등이 아이를 해치는 결과를 초래한다. 아이가 인생의 일

순위가 되어 시작된 갈등이라면, 그토록 소중한 아이가 함께 있는 자리에서 분노 감정은 더 자제해야 한다.

나는 진료실에서 귀감이 되는 부모 역시 많이 만난다. 그들 역시 내게 큰 스승이고, 진료실에서 받게 되는 귀한 선물이다. 인공호흡기에 의존하는 아이를 키우거나 아나필락시스 쇼크로 아이를 잃을까 두려움을 안고 지내면서도 따뜻한 에너지로 안정된 환경을 만들어주는 부모들을 존경한다.

뇌성마비로 스스로 움직이지 못하는 데다 기관협착과 후두연화증으로 살얼음판 위에서 생활하는 윤서네 부부가 떠오른다. 윤서의 컨디션이 좋지 않았던 밤을 보낸 아빠와 엄마를 만났다. 밤새 아이를 지키느라 힘들었겠다는 나의 말에 두 사람이 서로를 쳐다본다. 아빠는 낮에 아이를 돌보는 엄마가 안쓰럽고, 엄마는 직장일을 하는 아빠가 힘들까 봐 양보하다가 둘 다 밤을 새웠다는 것이다. 여러 차례 고비를 넘겼던 아이 곁에서 한 번도 서로를 원망하거나 큰소리를 낸 적이 없는 부모였다. 서로를 바라보는 안쓰러운 눈빛이 오래도록 여운을 남겼다. 엄마와 아빠가 만들어 준 안정적인 환경 때문일까. 1~2년을 버틸 수 있을까 걱정했던 윤서는 열 번의 생일을 더 넘기고도 가족의 사랑과 지지를 받으며 지금도 잘 지내고 있다. 건강한 관계는 사랑과 존중에서 나온다는 말이 정말 맞는 것 같다. 잠깐 마주치는 직장 상사나 동료와의 갈등도 인생을 불행하게 만드는데, 하물며 가족과의 관계가 내내 불편하다면 행복은 점점 더 멀어질 수밖에 없다.

여행을 하며 우리는 종착지에 집착하지 않는다. 마라톤처럼 결승선 끝에 행복이 기다리는 것이 아니라, 여정의 순간순간 알알이 행복이 박혀 있기 때문이다. 그래서 여행하는 모든 찰나를 즐길 뿐이다. 어디로 가는지보다 누구와 있는지가 더 중요하다. 사랑하는 사람과의 동행은 존재만으로도 행복하다. 육아의 여정도 마찬가지이다.

나는 또한 진료실에서 아름다운 동반자 역시 많이 만났다. 이혼 후 새롭게 꾸린 가정에서 아픈 아이를 진실한 사랑으로 돌보는 새 양육자, 사위를 하늘나라로 떠나보낸 후 암에 걸린 딸과 아픈 손주까지 보살피는 할머니, 휠체어를 타고 병원에 와서도 손자를 더 많이 걱정하는 할아버지, 공동 육아를 하며 옆집 아이까지 세심하게 챙기는 이웃사촌, 중증 아토피를 잘 케어하고 마지막 진료에서 행복의 눈물을 흘리던 고모까지…. 이들은 모두 힘든 육아 여정에 동행하며 풍성하고 예쁜 사랑의 꽃을 피웠다. 삶의 무게를 자신의 어깨에 나누는 동반자만으로도 여행지 곳곳이 빛난다.

나 역시 지치고 고단한 육아 여정에서 힘을 낼 수 있었던 것은, 나를 일으켜 세운 여러 동반자 덕분이다. 남편과 싸우고 마음이 상했을 때에도 친정엄마가 있어 숨 쉴 수 있었다. 엄마가 끓여준 소고기뭇국 한 사발과 "우리 딸, 너무 힘들지?"라는 한마디는 연고처럼 마음의 상처에 부드러운 새 살을 돋게 했다. "언니는 대단한 사람이야"라는 동생의 말은 내 마음을 쓸어내리는 약손이었고, 직장에서 만난 육아 선배들의 조언은 나를 받쳐주는 버팀목이었다. 그래서 또 하루 힘을 내고, 긍정의 에너지로 나를 채울 수 있었다.

내가 힘들다고 해서 나만 노력하고 있는 건 아니다. 육아 여정의 동반자 역시 함께 애쓰는 중이다. 내가 너무 힘들어서 그 노력이 보이지 않을 뿐이다. 사랑과 존중의 마음을 담아야 동반자의 어려움도 눈에 들어온다.

배우자와 잘 지내는 것이 중요하다는 말에 "저도 사랑하거든요"라고 답하는 경우가 많다. 사랑이 넘쳐도 표현하지 않으면 알 수 없다. 존중이 없으면 진심이 드러나지 않는다. 남을 존중하듯이 배우자도, 육아의 동반자도 존중해야 소통할 수 있다. 냉소하거나 경멸하는 모습을 보이지 않아야 한다. 그래야 함께하는 육아의 여정이 덜 고되고 더욱 향기로워진다.

여행의 종착지만을 생각하면 여행 기간 내내 행복하기 어렵다. 하루하루 목표를 달성하지 못할 때마다 끊임없이 실망하고 불행하기 때문이다. 오늘은 목표를 달성해도, 내일은 그만큼 못 갈 수 있다. 내 삶을 실망 대신 행복으로 채우려면, 목표에 도달하지 못해도 그 과정 자체를 즐겨야 한다. 내 길에 동행하는 동반자가 있다면, 그 사람이 내게 소중한 사람이라면, 나는 행복한 사람이다.

'고통 끝에 낙이 온다'는 생각으로 견디는 것은 여행도, 육아도 아니다. 함께 가는 사람들과 이 여정 전체를 즐기고 행복을 찾는 것이 우리의 목표이다. 힘들어도 웃으며 다음 여행을 계획하는 것처럼 말이다. 지금 불편하고 고된 길도 사랑하는 가족과 함께여서 설레고 즐길 수 있다. 지금 내 곁에 있는 그 사람을 조용히 등 뒤에서 안아주자. 그리고 이렇게 말해주면 좋겠다. "당신, 나와 함께 해주어서 고맙다"고, "내게는 당신만 있으면 된다"고, "당신이 있어서 내일의 여행도 기대가 된다"고.

천식이 있는 어린이를 위한 환경 관리

기관지가 예민한 아이들은 작은 환경 변화에도 큰 영향을 받는다. 건강하고 쾌적한 환경을 만들어주는 작은 노력이 아이의 천식 관리에 큰 차이를 가져올 수 있다.

- ▢ **집 안의 먼지와 알레르겐을 줄이기 위해서 헤파필터가 부착된 진공청소기와 물걸레로 매일 청소한다. 침구류는 1~2주마다 60도 이상의 뜨거운 물로 세탁한다.**
- ▢ **집먼지진드기 알레르기가 있다면 카펫이나 직물은 바닥에 깔지 않는다. 침대 매트리스와 베개는 진드기가 통과하지 못하는 덮개를 씌운다.**
- ▢ **천식 환자의 호흡기에는 건조하거나 습한 환경 모두 좋지 않다. 실내 온도는 18~23도, 습도는 40~50퍼센트로 유지한다.**
- ▢ **실내 공기를 깨끗하게 유지하기 위해 공기 청정기를 사용하는 것이 도움이 된다. 공기 청정기를 사용하더라도 실외 공기 질이 나쁘지 않다면 실내 가스상 물질의 농도를 낮추기 위해 매일 한 시간 정도는 환기를 해야 한다.**
- ▢ **아이가 자주 머무는 공간에는 반려동물이 들어오지 않게 하고 자주 목욕을 시킨다.**

- ▢ 가정에서 키우는 식물의 잎에 먼지와 곰팡이가 쌓이면 호흡기 건강에 나쁜 영향을 줄 수 있으므로 식물의 잎을 자주 닦아준다.

- ▢ 향이 강한 방향제나 향수, 화학 제품, 담배 연기는 천식을 악화시킨다. 향이 강한 제품 사용을 피하고, 가족 모두 금연한다.

- ▢ 미세먼지나 황사가 심한 날에는 외출을 자제하고, 외출할 때는 마스크를 착용한다. 외출에서 돌아오면 손과 얼굴을 깨끗이 씻는다.

그럼에도 불구하고

생후 8개월이 된 도권이는 내가 진료교수로 근무를 시작한 첫 달에 만난 환자이다. 도권이 엄마는 육아 휴직의 막바지에 치즈를 조금 먹이고 갑자기 칭얼거리는 아이를 보며 당황했다. 금세 입 주변과 얼굴, 몸통에 반점이 생기고 부풀어 올랐다. 곧 숨도 제대로 쉬지 못하고 구토가 멈추지 않았다. 아이는 응급실에서 주사를 맞고 나서야 나아졌다. 도권이 엄마는 이날의 기억이 트라우마로 남아 마트에서 파는 우유와 치즈만 보아도 심장이 뛴다고 했다. 실제로 전신 알레르기 증상인 아나필락시스를 경험한 아이 보호자의 50퍼센트 이상이 외상 후 스트레스 증상을 경험하고, 약 19퍼센트와 33퍼센트의 보호자가 불안과 우울 증상을 겪는다.[11]

너무 소중한 무언가를 지키려는 마음에 '혹시나' 하는 불안이 생기는 건 당연한 일이다.

엄마는 앞으로 출근도 해야 하고 모유도 끊어야 하는 걱정에 진료실을 찾았다. 나는 엄마의 놀란 마음을 안심시키고 유제품을 차단하도록 했다. 알레르기 특수 분유를 무료로 받을 수 있는 방법도 소개했다. 아이의 차단 식이와 대체 먹거리, 이유식 양과 방법, 영양 관리까지 긴 상담을 이어가며 도권이의 가족과 꽤 가까운 사이가 되었다.

그런데 몇 달 지나면서부터 도권이에게 매일 두드러기가 생기기 시작했다. 이런저런 음식을 한 가지씩 차단해도 소용이 없었다. 혈액검사까지 이상이 없으니 답답하면서도 다시 전신 반응이 생길까 걱정이 커졌다. 결국 엄마는 직장을 그만두기로 하고, 속상한 마음에 밤잠을 이루지 못했다. 도권이는 병원에 입원하여 추가 검사를 받기로 했다. 몇 가지 면역 검사와 유발 검사를 통해 두드러기의 원인이 음식이 아니라 물리적 자극 때문이라는 것을 알게 되었다.

"음식 입장에서는 너무 억울했겠어요. 자기 탓도 아닌데, 오랫동안 범인으로 오해받고 있었네요."

"네, 맞아요. 이제 정말 마음이 많이 편해졌어요."

몇 번의 두드러기와 또 몇 번의 쌕쌕거림이 아이를 찾았지만, 엄마는 이전보다 강해졌다. 가족이 씩씩해지는 만큼 시간은 가고 아이는 성장했다. 아이가 예쁘다며 무심코 건넨 사탕의 우유 성분으로 알레르기가 생겼어도, 차분하게 비상약을 사용할 수 있게 되었다. 네 살이 되던 해, 도권이는 병원에서 준비한 우유를 한 컵 넘게 먹고도 아무 일이 생기지 않았다. 나는 그동안 엄마의 수고에 작은 표창장으로 축하해주었다. 아이의 우유 알레르기가 해결된 건 반가웠지만, 진료실에서 더 이상 귀여운 도권이와 씩씩한 엄마를 만날 수 없는 건 너무 아쉬웠다.

4~5년쯤 지난 어느 날, 점차 내 기억에서 도권이가 희미해질 무렵이었다. 진료실 환자 명단에 도권이 이름이 보였다. 동명이인이 아닐까 생각하며 진료실에서 만난 아이는, 내가 아는 그 도권이었다. 오랜만에 만난 친구처럼 이렇게 반가울 수 있을까. 잘 지냈는지, 엄마는 직장에 잘 다니는지, 우유 못 먹던 건 기억하는지, 나의 질문에 도권이 엄마는 반갑게 대답했다.

“아, 선생님, 기억하시는군요. 그때 도권이 때문에 직장을 그만두고 속상했는데, 그 덕분에 아이를 좀 더 잘 보게 된 것 같아요. 도권이한테 집중력이랑 발달 문제가 같이 있더라고요. 빨리 발견하고 자주 치료받으러 다닐 수 있게 돼서 다행이죠. 그때 알레르기가 없었으면 아이한테 이만큼 집중하기 어려웠을 거예요.”

그때 내 눈에 함께 진료실에 방문한 아빠와 유모차 안의 아기가 들어왔다.

“도권이에게 동생이 생겼나 봐요.”

엄마는 밝게 웃으며, 둘째도 알레르기가 있을까 걱정이 되어 미리 왔다고 한다. 도권이 다음 순번으로 올라와 있는 동생의 이름을 보니, 이럴 수가. 아기의 이름이 '지현'이었다. 설마 내 이름을 따서 지은 것이냐는 질문에 엄마는 작은 미소로 고개를 끄덕인다. 내가 어릴 때 그토록 싫어했던 이름 '지현'이가 이 예쁜 아기의 이름이 되었다니.

내 이름은 나보다 몇 달 먼저 태어난 사촌을 위해 준비했던 성의 없는 이름이었다. 딸인 줄 알고 준비한 이름이 아들 출산으로 소용이 없어져 곧이어 태어난 내 이름이 되었다. 어찌나 흔한 이름인지 같은 반에 고지현, 유지현, 황지현… 지현이가 너무 여러 명이어서 나는 어릴 때부터 내 이름을 정말 싫어했다. 심지어 초등학교에 입학했을 때 선생님은 키가 작은 나를 '작은 김지현', 나보다 큰 다른 친구를 '큰 김지현'이라고 불렀다. 어린 마음에 내 이름이 지현인 것도, 내가 '작은 김지현'인 것도 못마땅했다. 그 당시 생활기록부의 내 이름 위에는 '작은'이라는 표시가 오래도록 남아 있었다.

내게 오랜 기간 진료를 받았던 도권이를 키우면서, 둘째 아이가 남에게 도움을 주는 편안한 사람이 되면 좋겠다는 생각으로 부모는 이름으로 '지현'이를 선택했다고 한다. 설명을 듣고 나니 내 이름이 꽤 매력적으로 느껴졌다. 알레르기가 있음에도 불구하고 씩씩하게 행복을 찾아가는 가정에 아기 '지현'이가 태어나서 다행이다. 그리고 아기의 검사 결과까지 정상이어서 더 다행이었다.

절망적인 상황에서 희망을 발견하는 이야기는 우리 주변에서도 종종 찾을 수 있다. 병동에서 처음 만난 초등학생 정연이는 한 달 넘게 열이 떨어지지 않고 팔다리의 관절이 아파 병원을 찾았다. 처음에는 감기인 줄 알았지만, 열이 잡히지 않고 혈액검사에 이상이 있어 우리 병원으로 옮겨졌다. 아이의 얼굴에는 나비 모양의 발진이 빨갛게 퍼져 있었다. 엄마는 아이가 영원히 걷지 못하거나 이대로 병원에서 계속 지내야 할까 봐 걱정이 이만저만이 아니었다. 수많은 검사와 기다림 끝에, 정연이는 '루푸스'로 진단받았다. 루푸스는 면역 체계가 자신의 몸을 공격해 염증과 조직 손상을 일으키는 자가면역질환이다.

병을 오랜 기간 관리하며 지내야 한다는 사실에 엄마는 크게 낙담했다. "왜 우리 아이에게만 이런 일이 생긴 걸까요?", "제가 뭘 잘못한 걸까요?", "안 좋아지면 어떡하죠?", "약 부작용이 생기면 어떡하죠?", "학교는 다닐 수 있을까요?", "아이가 커서 나중에 임신하는 데 문제가 될까요?", "영양제를 먹일까요?", "무서워서 외출을 어떻게 하죠?" 스테로이드 투여를 시작하면서 엄마의 걱정은 나날이 늘어갔다. 회진 때마다 넘치는 질문에 병실에서 한참 동안 나오지 못하는 경우가 많았다.

정연이의 입원 기간이 길어지자 엄마는 동생의 입학 준비를 위해 대구에 있는 집으로 돌아갔다. 그런데 그 주말, 간호를 맡았던 아빠에게 가슴 통증이 생겼다. 누구도 예상치 못한 일이었다. 통증이 쉽사리 가라앉지 않자 아빠는 병동에 잠깐 아이를 부탁하고 응급실로 향했다. 정연이 아빠는 응급실 앞에서 접수를 하자마자 곧바로 의식을 잃었다. 가슴에 부착된 심전도는 전형적인 심근경색 소견을 나타냈다. 상태는 매우 심각했지만 다행히 빠르게 응급 처치를 받고 중환자실로 옮겨 잘 회복할 수 있었다.

누가 짐작이나 했을까? 아이가 루푸스라는 드문 병에 걸린 것도, 그로 인해 마침 병원에 머문 덕에 아빠의 목숨을 구한 것도, 우리의 인생 대본에는 없는 일이었다. 정연이도 아빠도 아프지 않았다면 좋았겠지만 정연이의 병은 가족의 어둠을 막아낸 방패가 되었다. 두 사람이 모두 퇴원하고 외래에서 다시 만났을 때, 병동에서 보았던 걱정 가득한 엄마의 얼굴은 더 이상 찾아볼 수 없었다. 누구보다 밝은 얼굴로 엄마는 감사 인사를 전했다.

"선생님, 감사합니다. 우리 가족이 이렇게 다시 함께하게 되었어요. 정연이가 병원에 있지 않았다면 남편이 어떻게 되었을지 생각하기도 싫어요. 이제 정연이 병도 긍정적으로 잘 이겨낼 수 있을 것 같아요."

정연이네 가족이 얻은 선물은 단순히 아빠의 건강 회복이 아니라, 긍정적인 생각과 회복탄력성, 그로 인해 더 커질 희망과 행복의 무게였다.

삶은 언제나 작은 일부터 큰일까지, 온갖 어려움으로 가득 차 있다. '왜 내게만 이런 일이 생긴 걸까' 한탄하기보다는 '이번 일은 어떻게 해결할까'에 초점을 맞추는 편이 훨씬 더 지혜로운 접근이다.

사람마다 역경을 극복하는 힘과 긍정적인 마음가짐의 정도는 다르다. 하지만 교육을 통해 기술이 향상되고, 운동을 통해서 근력을 키우듯이, 긍정적인 태도와 회복탄력성도 노력을 통해서 발전할 수 있다. 좋은 부모는 아이의 지식만 늘리는 것이 아니라, 인생에서 마주하는 불가피한 어려움을 맞서 이겨내고 그것을 행복의 발판으로 삼도록 돕는 사람이다. 긍정적인 마음가짐으로 삶을 대하고, 인격적으로 성장할 수 있도록 지원하는 부모가 최고의 부모이다. 회복탄력성을 키우기 위해서 '그럼에도 불구하고'라는 생각을 연습하고, 부모와 자녀가 함께 '의미 찾기 게임'을 해야 한다. 어떠한 상황에서도 새로운 의미를 발견하려는 노력이야말로 가장 중요한 삶의 기술이다.

진료실에서 만난 많은 부모들은 자녀의 회복탄력성을 끌어올리는 탁월한 능력을 보여주었다. 특히 소영이 엄마는 아이가 밀 알레르기로 아나필락시스 위기를 여러 번 겪었음에도 결코 낙담하지 않았다. 오히려 알레르기 어린이를 위한 식단을 개발하고, 알레르기 정보를 공유하는 웹사이트를 운영하여 다른 가족들에게도 도움을 주었다.

발레를 전공으로 하는 소영이는 조금씩 음식을 늘려 먹이면서 면역 내성이 생기도록 하는 '경구면역요법'도 어려웠다. 운동은 면역 체계가 견딜 수 있는 음식의 역치를 낮추어 위험한 상황을 만들 수 있기 때문이다. 일상에서 흔히 접하는 밀가루 음식을 모두 피하고 매일 상비약을 챙기느라 그야말로 불편하고, 신경 쓰이는 일투성이었다. 그럼에도 불구하고 소영이는 꾸준히 발레 수업에 참여하여 자신의 꿈을 키워나갔고, 부모님의 사랑으로 맛있는 대체 식단을 찾아 건강을 유지했다. 자신의 상황을 긍정적으로 공유하며 좋은 친구들을 사귀고, 건강과 안전을 스스로 돌보며 자기 관리 능력과 독립성을 키울 수 있었다.

물론 이런 많은 결과들은 소영이와 엄마가 함께한 수많은 '의미 찾기 게임'의 결과였다. 그녀는 대단하다는 나의 칭찬에 항상 이렇게 말했다.

"다른 가족들에게 도움을 줄 수 있어서 다행이에요. 아이에게 알레르기가 없었다면, 이런 기회가 없었겠지요."

"밀을 못 먹는 건 속상하지만 대신 체중 관리하는 데 도움이 많이 되었어요. 스스로 자기 몸을 챙기고 조심성도 기르고요. 밀이 안 들어간 음식을 새로 찾으며 함께 기뻐했던 것도 저희 가족한테는 의미가 컸던 것 같아요."

그토록 힘든 시간을 보내며 울지 않았던 소영이 엄마가 밀 알레르기가 없어졌다는 얘기를 듣고 처음 눈물을 흘렸던 순간이 기억

난다. 치킨과 라면처럼 밀이 들어 있는 음식 맛을 하나씩 탐험할 수 있게 되었다고, 알레르기가 있었던 덕분에 새로운 행복을 기대할 수 있게 되었다며 말이다.

아이의 회복탄력성을 키우려면 일상에서 마주치는 여러 가지 경험들을 계속 긍정적으로 해석하고 받아들이는 연습이 필요하다. 아이가 어려움에 직면했을 때, 이를 무의식적으로 긍정적인 방향으로 인식하고 제대로 대처하도록 훈련하는 것이다. 마치 티끌이 눈에 들어오려고 할 때 무의식적으로 눈을 깜빡이거나, 날아오는 공을 본능적으로 쳐내듯이 말이다. 처음에는 의식적으로 연습할 수밖에 없지만, 시간이 지나면 긍정적인 사고가 저절로 자리 잡을 것이다. 부모가 먼저 긍정적인 태도를 보임으로써, 아이가 어떤 상황에서도 좌절감이나 불행을 느끼지 않고, 자연스럽게 행복을 만들어갈 수 있도록 돕는 것이 중요하다.

알레르기 때문에 매일 집에서 준비해주는 도시락이 친구 관계에 도움이 된다는 아이도 있지만, 나만 다른 환경이어서 소외감을 느낀다고 하는 아이도 있다. 상황을 어떻게 받아들이고 부모가 어떻게 해석해주는지가 아이의 느낌에 영향을 미친다. 중요한 것은 무슨 일이 있어도 부모가 아이의 편이라는 것을 분명하게 보여주어야 한다는 점이다. 부모로서 아이가 겪는 어려움에 공감하면서도, 그 경험이 아이의 마음에 오래도록 깊은 상처로 남지 않게끔 노력하는 것이 필요하다. 이것이 바로 부모됨이 힘든 이유이다.

아이들이 몇 번 아팠기 때문에, 또는 남들보다 더 심하게 아팠다고 해서 아이가 행복하지 않을 거라 생각하면 안 된다. 아이가 어려운 상황 속에서도 무엇을 잘했고, 어떤 대단한 장점을 가졌는지 찾아 이야기하는 것만으로도 아이의 삶은 행복으로 충전된다. 당연히 겪게 되는 아프고 힘든 시간도, 튼튼해지는 연습으로 아름답게 거듭난다. 어떤 상황에서도 '그럼에도 불구하고'라는 마음가짐과 '의미 찾기 게임'이 우리 아이들의 삶을 반짝반짝 빛낼 것이기 때문이다.

아이의 자존감과 회복탄력성을 키우는 체크리스트

어려운 상황에서 실망하지 않고 문제를 극복할 수 있도록 아이의 자존감과 회복탄력성을 높이는 것만큼 부모로서 해줄 수 있는 큰 선물도 없을 것이다. 꾸준한 훈련으로 아이의 삶이 아름답게 채워지도록 노력하자.

- ▢ **어려운 상황에서 긍정적인 측면을 찾아내는 연습을 한다. "지금은 힘들지만, 이 경험을 통해 우리가 무엇을 배울 수 있을까?" "그래도 더 나빠지지 않아서 다행이야."**

- ▢ **매일의 생활에서 작은 행복을 발견하고, 의미를 가지도록 한다. "엄마한테 오늘 행복했던 일이 있었는데, 들어줄래?" "오늘 좋은 일 있었니? 얘기해줄래?" "오늘도 운 좋은 일이 생긴 걸 보면 더 큰 행복이 찾아올 것 같아."**

- ▢ **아이가 느끼는 감정에 공감하고 긍정적인 의미로 남을 수 있도록 한다. "네 마음이 그랬구나." "네 감정을 잘 표현해줘서 고마워."**

- ▢ **실패를 통해 배울 점을 찾고 긍정적으로 해석하도록 한다. "네가 너무 힘들었겠다. 그럼에도 불구하고 이번 경험에서 우리가 얻은 게 있는걸." "실패는 성공으로 가는 과정이야. 이번 경험에서 무엇을 배울 수 있을까?" "앞으로 더 나아질 거야. 함께 잘**

이겨내자."

- ▢ 큰 목표를 설정하고, 아이가 이룰 수 있는 작은 단계별 목표로 나눈 뒤 성취감을 느끼도록 한다. "이걸 해내다니 정말 대단해." "네가 열심히 하니까 정말 잘하는구나."

- ▢ 문제 상황에서 스스로 해결책을 찾도록 하고, 조언과 피드백으로 응원한다. "왜 이런 일이 생긴 걸까?" "이 문제를 해결하려면 어떻게 해야 할까?" "나는 네가 이 일을 잘 해낼 거라고 믿어."

- ▢ 아이가 의미 있는 활동에 참여하거나 새로운 일에 도전하는 것을 응원한다. "네가 이 역할을 맡아줘서 고마워." "이 일을 하면서 보람을 느끼는 모습이 정말 보기 좋아." "네가 새로운 일에 도전하는 모습이 대단하고 멋져."

- ▢ 주변 사람에게 필요할 때 도움을 요청하고 감사한 마음을 표현하도록 한다. "네가 힘들 때 도움을 요청하는 것도 중요해." "주변에 우리를 도울 수 있는 분들이 있어서 다행이야." "도와주는 분들에게 감사한 마음을 표현하자."

- ▢ 아이가 자신의 존재만으로도 가치 있는 사람이라는 것을 자주 표현한다. "네가 우리 가족이라서 너무 행복해." "우리 아이로 태어나줘서 고마워."

나이 드는 일이 기대되는 이유

이제 거의 10년 전이 되어버린, 서른아홉에서 마흔 살로 넘어가던 12월은 유난히 특별하게 느껴졌다. 나이가 한 자리 숫자에 불과한 둘째 아이도 신기했는지 내 나이를 자꾸 물었다.

"엄마는 마흔 살, 숫자로 40이 되는 거야."

아이 눈에 비친 '40'은 꽤 큰 숫자였나 보다. 1부터 40까지 손가락을 꼽으며 세고 또 세고…. 이후 한 달간 아이는 마주치는 많은 사람들에게 내 나이를 각인시켰다. 함께 간 미용실이며, 마트며, 엘리베이터 안에서까지 누군가를 보면 묻지 않아도 크게 말했다.

"안녕하세요? 우리 엄마가 이제 사십 살 되거든요."

사실 나는 삼십 대 후반까지 내 나이가 마흔 살이 넘으면 마냥

슬플 것만 같았다. 최영미 시인의 표현처럼, 잔치가 끝난 뒤의 적막함과 사그라져 가는 불씨처럼, 막연한 두려움이었다. 젊은 열정에서 멀어지는 느낌, 그리고 내게 닥쳐올 노화의 징후들이 그저 불안했다. 하지만 사십을 넘기고도 여러 번의 새해와 생일을 더 지나면서, 나는 지금의 내 나이가 참 좋다.

삼십 대와 사십 대의 힘들었던 육아에서 벗어나 몸이 편해진 덕분일까? 아직 두 아들과 함께 넘어야 하는 큰 산이 남아 있지만 이제 이유식을 만들 일도, 나들이에 기저귀와 음식을 챙길 일도 없다. 열이 나 밤을 새거나, 아이의 발달을 챙기며 걱정할 일도, 학교생활에 신경을 쓸 일도 줄었다.

거기에 더해 몇 가지 진료 팁도 생겼다. 진료실에서 만나는 보호자에게 절대 묻지 말아야 할 질문 같은 것이다. 동의서를 받아야 할 보호자를 확인하려고 "오늘 같이 오신 분은 할머니이신가요?"라거나 고위험군의 알레르기 예방법 전수를 위한 선한 의도라도 "임신하셨어요?"라고 묻는 것은 절대 금물이다. 아무리 확실해 보여도 할머니가 아닌 엄마이거나, 임신이 아닌 출산 후 체중 증가라면 진료실의 분위기가 금세 냉랭해지기 때문이다.

무엇보다도 나이 드는 게 나쁘지 않은 이유는, 복잡하고 어려운 환자와 보호자를 대하는 일이 이전보다 훨씬 편안해졌다는 것이다. 물론 중환자실에서 오랜 시간을 보낸 아이들의 퇴원 준비는 결코 녹록지 않다. 특히, 기관절개술을 받거나 집에서 인공호흡기를 사용해야 하는 경우, 부모는 반 의사처럼 아이를 돌볼 수 있어야 한다. 그래서 퇴원을 앞둔 일주일은 마치 '수행 평가'나 '재교육'과도 같다. 매일 보호자가 호흡 일지를 잘 기록하는지, 인공호흡기의 모드와 설정을 제대로 이해하는지, 기계의 알람이 울렸을 때 잘 대응하는지를 점검한다. 그리고 병실에는 "정말 잘하셨어요", "역시, 최고예요" 같은 칭찬이 넘쳐난다. 그 칭찬 덕분에 부모의 얼굴에 안도감이 피어오른다.

하지만 부모의 불안이 완전히 사라지지는 않는다. "제가 잘할 수 있을까요? 아직도 겁나요" 같은 불안한 표정을 마주할 때, 과거와 달리 나는 이제 보호자를 안심시키는 무기를 가지고 있다.

"엄마 얼굴에 이미 적혀 있는데요. 너무 잘할 분이라고요. 걱정하지 마세요. 이런 열정을 가진 엄마들 중에 문제가 생긴 경우는 단 한 번도 없었답니다."

경험에서 우러나온 말의 힘은 정말 큰 것 같다. 때로는 최신 의학 지식보다 더 큰 신뢰와 안정을 준다.

아토피를 앓고 있는 아이를 돌보느라 힘에 부친 한 보호자가 속상해서 울먹인다.

"피부는 도대체 언제 좋아지는 걸까요? 매일 신경 쓰고 노력하는데 너무 억울해요."

"저도 그랬어요. 엄마 마음, 제가 너무 잘 알아요."

그리고 엄마의 등을 토닥이며 얘기를 이어간다.

"엄마, 너무 애쓰지 않아도 괜찮아요. 우리가 아무리 열심히 해도 어쩔 수 없는 일이 있어요."

부모라고 해서 모든 스트레스와 어려움을 견뎌내야 한다는 생각은 위험하다. 자신을 혹사시키다가 건강을 해칠 수도 있고, 예민한 반응으로 인해 주변 사람들과의 관계가 깨질 수도 있다. 더 노력해야 한다는 의사의 조언을 예상했던 엄마가 오히려 "너무 열심히 하지 말라"는 말에 긴장의 끈을 푼다.

육아와 진료의 무게가 내 어깨를 무겁게 짓눌렀던 날, 나는 친정 엄마에게 병원을 그만둘까 진지하게 물었다.

"그래. 어릴 때부터 최선을 다하느라 긴장만 하고 살던 우리 딸, 이제 좀 마음 놓고 살아라."

엄마의 말에 마음이 따뜻하게 녹아내렸다. 아마도 진료실에서 만난 엄마들도 비슷한 기분을 느꼈을 것이다. 그렇게 나 역시 공감의 힘으로 마음을 치유받고 아직도 병원을 그만두지 못한 채 아픈 아이들을 계속 만나고 있다.

부모로서 매일 최선을 다해 살아가는 것은 불가능하다. 열심히 해야 할 일과 어쩔 수 없는 일을 구분할 때 마음이 편해지고, 비로소 100퍼센트에 가까운 에너지를 쓸 수 있다. 20년 넘게 수많은 부모를 만나고 부모로서의 삶을 살면서 내게 긍정적인 기운을 읽는 능력과 마음의 여유가 생겼다.

"엄마, 걱정 마세요. 성장의 힘을 믿으면, 아이는 나아져요."

"사춘기 시기 우리 아이도 이랬어요. 결국 다 지나갑니다."

"부모님이 아무리 긴장하고 노력해도 안 되는 게 있어요. 마음을 내려놓고 오늘 우리가 할 일에만 최선을 다하면 돼요. 아직 닥치지 않은 일 때문에 불안하고 힘들 필요는 없어요."

"아이가 나빠져도 부모님 탓이 아니에요. 같이 기운을 내요."

부모의 마음에 밝은 에너지를 불어넣을 수 있는 여유가 생긴 것은 아마도 과거의 힘든 경험 덕분일 것이다. 내 옆의 보호자가 실망과 불안을 덜어내도록, 더 큰 용기를 가지도록 도울 수 있어서 지금의 내 나이가 좋다. 그리고 미래의 나이가 더욱 기대된다.

"과연 몇 살이 되면 좋아질까요?"

때로는 진료실에서 아이들의 미래를 읽는 예언자의 역할을 요청받기도 한다. 질병의 경과를 예측하는 것을 '예후'라고 한다. 제대로 된 대답을 위해 우리 연구 팀은 질병의 자연 경과, 예후 요인, 여러 치료법의 효과를 분석해왔다. 그 결과를 바탕으로 "돌 이전에 시작된 아토피는 좋아질 거예요"라고 얘기할 수 있다. 마찬가지로 "입학할 무렵이면 달걀 알레르기가 반 정도는 나아질 거예요"라고도 대답할 수 있다.

30대에는 중증 아토피피부염으로 고생하는 아기들을 보며 잠도 못 이루고 꿈에서도 괴로웠던 내가, 이제 50대를 앞두고 많이 달라졌다. 깨끗한 피부로 중고등학교를 잘 마치고 멋진 사회의 일원으로 성장한 아들과 환자들을 곁에 둔 덕분이다. 희망이 멀리 있지 않다는 걸 알기에 "분명 좋아져요"라고 과거의 나보다 더 자신 있게 말할 수 있다.

최근 의학 분야에서는 통계학, 유전학, 분자생물학과 빅데이터 분석까지 총동원하여 아이가 어떤 병에 걸릴지, 병이 어떻게 진행될지, 어떤 치료에 반응할지 예측하려는 연구들이 이루어지고 있다. 마치 과학적으로 사주를 점치는 것과도 비슷한 시도이다. 미래 의료의 키워드가 '정밀', '예측', '개인 맞춤형', '예방'으로 발전하면서 미국의 오바마 전 대통령도 정밀의학에 대한 포부를 신년 연설에서 강조하기도 했다. 실제로 '캔서 문샷 이니셔티브Cancer Moonshot Initiative'에서는 백만 명 가까운 사람들의 유전자를 분석해 다양한 정보를 수집하고, 여러 나라에서 유전자와 의료 정보 빅데이터를 분석하고 있다. 의사 개개인이 환자를 만나며 쌓아온 경험에 더해 인공지능과 기계학습의 발전으로 더 정밀하게 환자를 도울 수 있는 시대가 올 것 같다. 그래서 나의 50대, 60대가 더 기대된다.

'젊어서 고생은 사서도 한다'는 말을 나는 그다지 좋아하지 않는다. 하지만 힘들고 절망적인 상황이 꼭 나쁘지만은 않다는 데 동의한다. 어려운 시절의 고된 경험이 삶의 그릇을 키우고 회복탄력성이라는 씨앗을 심어주기 때문이다. 나 역시 부유하지 않은 가정에서 여러 차례 수술을 받으며 의사의 꿈을 키우고, 아픈 아이를 양육하며 부모의 아픔을 더 이해하게 되었다. 피치 못할 상황으로 실험 결과를 버리거나, 연구 등록이 제대로 안 되거나, 외국에 보냈던 중요한 샘플이 손상되어 난감했던 일도 있다. 하지만 이런 경험을 통해서 어떤 문제 상황에도 덜 좌절하고, 해결책을 찾으려 노력할 수 있게 되었다.

간혹 후배들이나 진료실에서 만나는 보호자들로부터 "선생님은 정신력이 강한 것 같아요", "씩씩한 모습이 부러워요"라는 말을 듣는다. 하지만 사실 나도 두렵고 불안한 마음을 안고 사는 사람이다. 병원에서 복잡한 병을 가진 환자들을 매일 마주하며 어떻게 항상 씩씩할 수 있겠는가. 환자의 상태가 갑자기 나빠질까 봐 불안하고, 내가 결정한 치료 방법이 효과가 없을까 봐 초조하다.

걱정과 불안함이 사라진 게 아니라 이런 내 감정을 이성적으로 다루는 데 익숙해진 것에 불과하다. 나이가 50에 가까워지며 부정적인 감정을 이겨낼 방법을 알기 때문에 편안하고 씩씩해 보이는 것뿐이다. 아이가 아파도 대부분 나아질 것을 알고, 내가 지금 고민해봐야 나중에 큰 차이가 없다는 것을 이해하기 때문이다. 아이가 시험을 못 봐도, 학교에서 문제가 생겨도, 아이의 마음을 어떻게 달랠지 학교에 어떻게 도움을 요청할지 요령이 생겼다. 드문 병으로 진단받은 아이의 부모가 무력감과 실망에 빠져 있을 때 어떤 표정과 말투로 다가가야 할지도 감이 잡힌다. 예후가 좋지 않다는 소식을 전하는 방법도, 이때 실망한 내 마음을 다스릴 방법을 찾는 일에도 더 능숙해졌다.

힘든 시절 덕분에 아픈 아이들을 위해 당장 할 수 있는 일과, 미래에 해야 할 일을 더 잘 판단할 수 있어 감사하다. 진료실을 찾는 이들에게 어깨를 내어줄 수 있어 다행이다. 과거는 선택할 수 없지만 미래는 선택할 수 있다. 우리 아이의 유전자와 과거는 바꿀 수 없지만 현재의 부모가 미래를 변화시키는 일은 가능하다. 그래서 지금 최선을 다하는 것으로 충분하다.

어쩔 수 없는 과거 대신 아이들을 위한 세상을 조금 더 주도적으로 바꾸는 세대가 되었다는 점에서 뿌듯하다. 그저 혼자 속상해하는 데서 한 걸음 나아가 환경보건센터, 아토피 천식 안심학교, 교육정보센터 사업을 통해 주변 환경을 개선할 수 있다. 또한 아이들을 위한 정책이나 법안이 마련될 수 있도록 목소리를 낼 수도 있다. 아픈 아이들과 그만큼 힘든 부모를 위해 좋은 일을 하는 기업을 칭찬하고, 선한 영향력이 널리 퍼지도록 할 수 있다.

물론 아이 키우기 좋은 세상은 아직 멀리 있다. 출생률은 계속 낮아져 출생아 수는 2022년 25만 명에서 2025년 22만 명, 2072년에는 16만 명까지 감소하고, 유소년 인구도 2022년 595만 명에서 2040년 388만 명, 2072년 238만 명 수준으로 줄 거라고 한다.[12]

하지만 우리 세대의 노력이 모이면, 육아의 힘든 길에서 양육자가 주저앉지 않도록, '친정엄마'처럼, 그리고 '보험'처럼 큰 우산을 씌워줄 수 있는 세상을 만들 수 있을 것이다.

아이를 어디에 맡길지 걱정 없고, 연차가 소진될까 불안하지 않고, 사기당할까 두렵지 않고, 정보를 놓쳐 아이를 망칠까 고민하지 않는 사회를 꿈꾼다. 다양성이 존중받고, 유연성을 갖춘 사회에서 아픈 아이들도 함께 보살피고 따뜻하게 키워주면 정말 좋겠다. 특히 내게 너무 애틋한 만성 호흡기, 알레르기 질환을 앓고 있는 아이들이 사회에서 소외되지 않기를 바란다.

부모의 마음이 편안하고 육아가 그 자체로 즐거워지면 만나는 사람들에게도 덜 예민해지고, 교사, 의료인, 주변 사람들도 지금보다 더 친절해질 것이다. 그래서 아이를 돌보는 사람 대부분이 행복한 나라가 되면 좋겠다. 당연히 아이를 키우는 가족의 마음도 더 편안해지고, 자연히 출생률이 올라갈 것이다. 그러면 '내가 무슨 영화를 누리겠다고 이 힘든 세상에 아이까지 낳아 키워야 하나' 하는 생각이 줄어들지 않을까? 내가 맞이하는 50대, 60대에는 아이를 키우는 과정이 기쁨으로 가득한 세상이 만들어지길 기대한다.

나와 인연을 맺고 있는 아이들의 엄마와 아빠도 아름다운 50대, 빛나는 60대를 맞으며 힘든 가운데 행복했던 육아의 여정을 회상할 수 있기를 바란다. 지금은 아이를 키우느라 고된 시간이지만, 지나고 나면 모든 순간이 아름다운 기억으로 남을 것이다. 아이의 조그만 손을 잡고 걷던 길, 아픈 아이를 돌보며 울고 웃었던 순간들, 그리고 지치지 않는 노력과 사랑이 빛을 발하는 날이 반드시 찾아올 것이다.

부모로서의 삶은 결코 쉽지 않다. 그러나 그 속에 숨어 있는 작은 기쁨과 희망이 모여 거대한 행복이 된다. 그래서 지금의 힘든 순간들이 미래의 소중한 추억이 되도록 부모도 스스로를 아끼고, 현재를 조금 더 즐겨야 한다. 지나온 길을 되돌아보며 "정말 잘 해냈다. 그리고 행복했다"고 말할 수 있는 날이 오기를, 그날을 만드는 지금의 시간이 훨씬 찬란하기를 바란다.

✦ **아이의 유전자와 과거를 바꿀 수는 없지만, 현재의 우리가 미래를 변화시키는 일은 가능하다. 그러니 지금 최선을 다하는 것으로 충분하다.**

참고문헌

1 통계로 본 대한민국 유아교육 현황. 한국유아교육신문(http://www.kindernews.net) 2020.08.24.

2 Sauer KS, et al. Somatic symptom disorder and health anxiety: assessment and management. Neurol Clin. 2023;41:745-758.

3 Venter C, et al. Food allergy prevention: Where are we in 2023? Asia Pac Allergy. 2023;13:15-27.

4 Cho H, et al. Postpartum maternal anxiety affects the development of food allergy through dietary and gut microbial diversity during early infancy. Allergy Asthma Immunol Res. 2024;16(2):154-167.

5 Werner EE. High-risk children in young adulthood: a longitudinal study from birth to 32 years. Am J Orthopsychiatry. 1989;59(1):72-81.

6 Werner EE. The children of Kauai: resiliency and recovery in adolescence and adulthood. J Adolesc Health.

7 Von Linstow ML, et al. A community study of clinical traits and risk factors for human metapneumovirus and respiratory syncytial virus infection during the first year of life. Eur J Pediatr. 2008;167(10):1125-33.

8 지그문트 프로이트,《새로운 정신분석 강의》, 김숙진 옮김, 문예출판사, 2006.

9 Valles-Colomer M, et al. The person-to-person transmission landscape of the gut and oral microbiomes. Nature. 2023;614:125-135.

10 World Happiness Report 2024 (2024.03.20.) / UN Sustainable Development Solutions Network (SDSN)

11 Jeong K, et al. Maternal posttraumatic stress symptoms and psychological Burden in mothers of Korean children with anaphylaxis. Allergy Asthma Immunol Res. 2022;14:742-751.

12 통계청. 장래인구추계: 2022~2072년 https://kostat.go.kr/

아프지 않고 ——— 크는 아이는 없다

1판 1쇄 인쇄 2025년 3월 13일
1판 1쇄 발행 2025년 3월 20일

지은이 김지현
발행처 ㈜수오서재
발행인 황은희, 장건태
책임편집 박세연
편집 최민화, 마선영
마케팅 황혜란, 안혜인
디자인 어나더페이퍼
제작 제이오
주소 경기도 파주시 돌곶이길 170-2 (10883)
등록 2018년 10월 4일(제406-2018-000114호)
전화 031)955-9790
팩스 031)946-9796
전자우편 info@suobooks.com
홈페이지 www.suobooks.com
ISBN 979-11-93238-58-5 03590
책값은 뒤표지에 있습니다.